真情与无畏

——从女工到Google台港业务总经理

分享生命中刻骨铭心的片段，充满爱与感恩。让泪水化为珍珠，把磨难化为祝福！

张成秀 著

李开复　殷允芃　张孝威　王文华　倾情推荐

九州出版社
JIUZHOUPRESS

目录 Contents

增订版序　珍惜你所爱 | 张成秀…1

作者序　化泪珠为珍珠 | 张成秀…7

推荐序　草原里的光辉 | 殷允芃…14

推荐序　火线下，常存一颗感恩的心 | 张孝威…16

推荐序　工作能量，来自于母亲的人生智慧 | 李开复…19

推荐序　比Google更好的故事 | 王文华…21

前　言　莫做等闲看 | 张成华…24

第一部　如何把一座山，放进一个小茶杯　29

寻找成就动机的DNA…30

通过Google13关面试的13个心得…34

创新的种子…45

就是要追梦…53

礼多人不怪…62

写生画板…66

100分早餐…69
爱，征服一切…73
我喜欢“失业”的爸爸…76
爸爸很“爱国”…80
你是我翼下的风…85
庆生…90
做你自己…93
元宵节与万圣节…98
随遇而安…101

第二部　即使微小，仍是光　105
意外的磨难…106
梦兆…110
向左走向右走…113
冰淇淋、SARS与车祸…117
我最怕穿的一双鞋…120
渐冻人的启示…123
身历其境…128
鸟鸣有人赏…131
即使微小，仍是光…134
生命与尊严…139
如果车祸可以避免…146
跨海找救星…149
意外的平安…152
想做就去做…156

孩子教我的事…164
轮椅与婴儿车…168

后记　寻找，就寻见…173
致亲爱的朋友…185

>>> **外一章　190**
一班没搭上的公交车｜张成华…190
台北的超级阿嬷｜胡芳芳…194
用“心”陪伴｜胡芳芳…201
>>> **媒体专访　205**
靠化整为零的时间管理脱贫｜林宏达…205
从电焊女工到Google台湾业务总经理｜林宏达…210
Google台港业务总经理张成秀采访幕后｜卢智芳…216
Search人生之后，真诚秀出自己｜苏惠昭…220
>>> **读者回响**　来自海内外的感动…225
>>> **编 后 语**　为你的父母，写一本书｜胡芳芳…230

增订版序

珍惜你所爱

张成秀

9月，是电影《电子情书》（You've Got Mail）中，男主角汤姆·汉克斯（Tom Hanks）想买给女主角梅格·瑞恩（Meg Ryan）一大捧削尖铅笔做成“花束”的季节，因为那让他想起开学；9月，是儿时记忆中，稻谷收割后，在田里和玩伴在一丛丛干稻草间，一边玩躲猫猫，一边闻着被太阳烤得暖烘烘的干草香的时节；9月，是莘莘学子学期的开始，也是农忙的结束。

9月，是我历经四年半的反刍、思索煎熬后，总算把我人生第一本书付梓、大功告成的时候；但就像怀胎9月产“子”后，这个“小孩”就成了独立的个体，一个“新生命”的开始。曾经看过一位学者凯文·克罗（Kevin Krogh）说：“I believe that once a work of literature is completed, it no longer belongs to its author; it belongs to its reader.”（我相信，一部文学作品一旦诞生，它就不再属于它的作者，而是属于它的读者。）的确，作者一旦出书后，作品就有了自己的生命，读者怎么看，怎么解读，已经out of the author's control（作者控制之外）了！

当然，对于出书，我本来就有些预期，如初版序所言，妈出车祸成为植物人，我心中涌起很多的遗憾，希望藉此书抛砖引玉，让一些家中有长辈的人，能更珍惜他们。在职场忙碌的同时，也能把家人——尤其高龄父母摆在心上。这份感情的联结，正如《圣经》所说："儿女要转向父母，父母要转向儿女"，可以弥补人生很多破口，也可避免终身的遗憾。

有读者告诉我，他们本来也常嫌父母啰唆，现在开始常陪他们聊天，让父母都很错愕，想说自己儿女最近是不是吃错药了，还反过来问说："你最近还好吗？工作压力是不是太大了？"这让我想起一个亲身经历的小故事。

我因为很早就家逢变故，难免会对人生产生很多疑问与怀疑，但所幸在中学即接触卡内基一系列的书，像《卡内基沟通与人际关系》（或译《人性的弱点》）（How to Win Friends and Influence People）等，让我即使家境困顿时，仍能在学校各种团体活动中脱颖而出，被推举做领袖。也让我在大学毕业后，胜任第一份业务销售的工作，并在短短18个月内就被擢升当部门主管。这要感谢卡内基很早就帮助我洞悉人性及了解人际关系的重要。后来在工作上，得知黑幼龙老师（台湾卡内基创办人）的"卡内基的人际关系课程"，能亲炙大师，当然把握机会，立刻报名参加。

上课地点在一家环境优美的饭店，来自各路的英雄好汉齐聚一堂。黑老师真诚地分享人生简单却隽永的原则，配合许多活生生的例子，让大家听得入神，场子很热。那时卡内基的课程就注重互动与做中学，所以穿插了很多练习。犹记得其中的一个练习，就是要表达感谢，学习找一个一直对你付出甚多，你却不曾好好表达感谢的对象。黑老师提醒我们感谢要具体才有效，所以要举例子。练习时间只有20~30分钟，我抓起桌上准备的纸笔，是上课训练所在的饭店的信纸，振笔疾书，很自然地写给妈妈感谢她；又搔头半天，不是想不起例子，而是太多了，不知该选哪个来写。时间过得很快，真是纸短情长，写完老师当场“收卷”，叫我们用饭店信封把信封缄好后，主办单位帮我们统一寄出，免得我们有人不好意思，害羞又反悔。接下来也是紧凑充实的课程，上完课又回到“日理万机”的工作岗位上，也忘了这档子事。

过一个多礼拜，收到妈气急败坏的电话，劈头就问：

“成秀，你在哪？”

“妈，我在家啊！”

“你……你没有想不开？”

“我？我为什么要想不开？”

“唉！你吓死我了！我收到你一封信，是饭店寄出的，上面尽是写了些多感谢我的养育之恩的话，而且还签了名。我还以为是你工作压力大，一时想不开，到饭店自我了断前写的绝笔书……”

我听了百感交集：

第一、我一定很少跟她甜言蜜语，偶一为之，害她惊恐万分，想这中间必有蹊跷。

第二、爸爸自杀的阴影，数十年仍难抹去，妈多么怕我们步上他的后尘。

第三、我时间虽赶，还是应该交代一下前因后果，说明是在饭店上某个训练课程做的一个练习。

所以，当我听到读者分享他们父母对他们突然变得更孝顺的错愕，不禁哑然想起把我妈吓个半死的往事，看来真是天下父母心。另外，我很意外也很开心地知道，有一群热心的读者告诉我，他们不只自己看，还买来给自己的父母看，因为长辈经历同样的流离颠沛、物资匮乏，仿佛看到他们时代的缩影，一同走过从前。

有一群读者，跟我有类似的成长背景或心路历程，也是一路走来，克服了许多困难，现在都颇有成就，但习惯了泪水往肚里吞，多少的辛酸，不足为外人道也。直到看了我的书，仿佛是一种催化剂，软化了他们的心防，泪水决堤，苦楚、委屈一股脑儿都得到释放。这也类似我自己经历的大和解、宣泄（catharsis）的过程。也有不少远在国外、失散多年的同事和同学打电话来，告诉我他们边看边哭，感同身受。

另有一群读者，就像我们生活中难免有高低潮，往往在失意中，难免灰心丧志，他们说看了我的书，重新燃起希望，告诉自己“她能，我也能！”我也收到一位牧师的来信，他说：“我的服事里有很多弱势的孩子，我鼓励孩子们努力读书，是突破贫穷和社会阶级的最好途径，您的书，刚好可以激励我们……”人生或有春夏秋冬、旦夕祸福，有＋－×÷，有问号也有惊叹号，没有人知道明天会不会更好。但我知道，妈妈教给我的人生智慧，让我即使身处逆境，仍不放弃希望，因为“即使微小，仍是光”。

最后，有一群人的反应是我始料未及的。女儿有一天回家哭丧着脸，说好几个同学跟她抱怨：“我妈为何一直拿你妈的书对我说教，说什么你同学妈妈当过女工，家里没钱，还是可以进台大、**Standford**（斯坦福大学）！我们让你衣食无缺，还不好好努力用功！不然送你去做女工！”

面对如此多读者的热烈回响，我心中充满感恩（惜限于篇幅未能一一刊出，特取其中具代表性者，刊于书末“读者回响”单元），很感激广大读者这么真诚的鼓励，我非常受用。能借这本书提醒一些人珍惜所有——也许是亲情，也许就是生命本身，余愿足矣！也很高兴从我的大嫂、大好书屋总编辑胡芳芳处，得知这本书有幸荣登几个畅销书的排行榜（博客来年度百大“企管类”第一名、诚品“人文类”第二名），我们也一起着手规划了增订版，让这本书更图文并茂。

特作此序，祈求及感谢神持续用这本书，带给人激励及向上的力量与希望。“荣神益人”——吾心所愿。

这本书的主角，其实是一个默默无闻的女性——我的母亲。

她一生不管面对什么样的磨难，繁华似锦也好，落英缤纷也罢，嘴角永远朝上，用八个字来形容她，就是“兴高采烈，永不放弃”。

感谢家人，特别是大哥成华及大嫂芳芳的协助，找出一些珍贵的“史料”，让大家亲眼瞧瞧，这个固执到近乎愚顽地用温暖的胸怀拥抱冰冷现实的人，是如何用她卑微的人生，拉出她周围人生命的高度。

妈的一生，就像背景的花材所编织出的图案，怎一个精彩了得。

作者序

化泪珠为珍珠

张成秀

这几天在香港出差，适逢展览大旺季，平常住的酒店贵到不象话。为了替公司省钱，住到了九龙尖沙咀的一家酒店。

来往香港办公室间最快的方式是搭天星渡轮，不然坐taxi走隧道容易塞车。那天加班到比较晚，和同事吃完晚饭兼宵夜，赶搭渡轮回去旅馆。镇日的疲惫，在海风吹拂下，仿佛结熟了痂的疤，剥落了下来，我的感官与知觉，成了刚露出来新生的嫩皮，敏锐而脆弱。

望着维多利亚港湾的夜色，美得让人心碎，但IFC2（国际金融中心二期，这是香港现在最高的大楼）顶端的爪子贪婪地撂向天际。我遥望沙田的方向，也是爸爸以前工厂的所在地，听说以前是没有怎么开发的地方，昔日的荒烟蔓草，对照今日的高楼耸立，陈年过往，一幕幕快速从脑海闪过。

回过神来，掏出我的黑莓机，很快浏览几个邮件，飞快地用两只拇指回了几封。渡轮上隔壁的银发夫妇一身观光客打扮，大花的夏威夷短袖衬衫及短裤，张大眼睛，瞪着我说："Wow! You type like a robot!"（哇！你打字好像一个机器人！）我哑然失笑！"Well, because I was'a robot!"（对呀！我曾经就"是"个机器人）。

从小家境困顿，从帮忙做塑料花外销，一大袋1块钱贴补家用，到中学毕业暑假去电子工厂做电焊女工赚学费，机械化、单调且反复的工作，训练得我双手灵活，就像汽车厂的机器手臂，到今天可以用拇指飞快地在黑莓机上发电子邮件。手指舞动的对象，随着年岁的更迭、物换星移，我也从昔日的女工，成了负责Google台港业务的总经理。一路走来能有一点成绩，当然有很多贵人相助，后面会再提及，但对我影响最深远的就是我的母亲，希望透过这本书《真情与无畏：从女工到Google台港业务总经理》，对她致上最深的敬意与谢意。

人过了某个年纪，开始变得"山东馒头"（sentimental，感伤），以前不愿、拒绝回顾的过往，现在却时常在夜深时向压抑已久的心头呼唤。

能够出版这本书，把一些隐藏在记忆幽微角落中刻骨铭心的片断分享出来，是一种宣泄（catharsis），是一种治疗（therapy），更是一个大和解（reconciliation）的过程。特别有某些段落，说也奇怪，就跟看电影《梁祝》的十八相送一样，每看必哭。如：《创新的种子》中陪我妈到河边洗衣这段，《我最怕穿的那双鞋》的最后一段，还有讲我爸的那两篇（《我喜欢"失业"的爸爸》和《爸爸很"爱国"》）。

其实很多的过去，多年来真是"不堪回首"，但有次在美国基督教书店逛时看到一本书，依稀记得书名是《把眼泪化为珍珠》，作者经历详情不记得了，但也是非常坎坷，他说神感动他，把他的经历写出来，因为这样眼泪就不会白流，可化做珍珠帮助别人。

还记得在美国的教会里有一个姊妹，曾生下一个先天缺陷的女孩，不到1岁就被天父接走，他们夫妇俩不知流了多少眼泪，但多年来，也不知带给多少类似经验的夫妇极大的安慰（有流产、堕胎、白发人送黑发等），就像《圣经》之《罗马书》5章3~5节所说的："因为知道患难生忍耐，忍耐生老练，老练生盼望，盼望不至于羞耻。"

虽有这样模糊的感动，但一路走来，老是"兵荒马乱"、"兵马倥偬"，迟迟未能动笔。直等到2005~2006年，我的休耕年，才挤出几篇，放在Blog上，跟一些同学、朋友分享。没想到陆陆续续有些人告诉我，他们看了感动得哭了，我半信半疑。

直到和大哥成华及大嫂芳芳分享这些文章，从此就踏上"不归路"。芳芳是大好书屋总编辑，非常会"灌迷汤"，大肆称赞我的文笔非常真诚，也有很多不错的"画面"，搞不好将来还可拍电影，说得我龙心大悦，心花朵朵开。就在她"循循善诱"下，帮我规划进度，建议我很多又很好的写作方向及角度。

而且她校稿功力一流，我一向性急，字迹潦草到不行。有一次在美国买东西结帐签刷卡单时，我一样大笔一挥，那老板瞪着我的笔，惊呼："I saw smoke coming out!"（意指我写得快到笔尖都冒烟了）。连这种字，她都能校到准确度99％以上。加上帮我抓每篇标题，均具画龙点睛之妙，不愧是历练过天下文化、商周出版、时报等各大出版社，她不管走到哪里都有畅销佳作及经典巨作（像《EQ》、《黑幼龙慢养教育》、《一件T恤的全球之旅》、《北一女百年庆》〈全称是“台北市立第一女子高级中学”，简称“北一女”〉、《斑马花花》等均是出自她的编辑营销巧思）。

另外，如果不是大哥，我不会写出那两篇有关爸爸的文章。之前，我对爸爸一直是不谅解的成份居多，但在妈车祸住院其间，我和大哥时常在医院一起照顾妈妈，累了有时就在医院的中庭休息。有一天，不知怎的聊到爸爸，他告诉我一些我之前从不知道的事，包括爸爸选择跳楼自杀那天一早和大哥一起到公车站，还邀他一起搭一段公交车（详情你一定要看他自己写的那篇《一班没搭上的公交车》），我听完后，泪水决堤，突然觉得我是懂他的。而

能够出版这本书，把一些隐藏在记忆幽微角落中刻骨铭心的片断分享出来，是一种宣泄，是一种治疗，更是一个大和解的过程（图为第一版书影及手写原稿）。

写妈是一种疗伤、一种赎罪，也是一种感谢。

前面提到我生命中有许多的贵人，帮拙作写序推荐的就有三位恩人。第一位是我大学毕业第一份工作的大老板《天下杂志》董事长兼总编辑：殷允芃女士，她让我永远以“天下人”为傲。

她给了我一个“谈笑皆鸿儒，往来无白丁”的环境（内部员工训练，都找部长级的人物来讲课），让我可以像海绵般尽情吸收新知。

她让我在年仅23岁时，即带领一个年营业额上亿的销售团队。

她让我得了“大肩症”，因为在那样宏观、格局很大气的环境里，是很难不把“世界兴亡当己任”的，非常感谢她的推荐序。

另一位贵人，是前台湾大哥大总经理暨执行长张孝威。

是他，给了我出国深造的机会。

是他，让我看到一个基督徒在企业界当领袖的模范，兴起“有为者亦若是”的豪情。

是他，在我母亲车祸时，辗转帮我介绍神经外科权威，让我们在茫然无助时，能做出正确的判断。

是他，在我考虑举家搬回台湾照顾母亲时，给我工作机会。感谢他帮我写序。

第三位贵人，则是原Google全球副总裁李开复。因为有幸和开复同在两家公司（微软与 Google）工作，因为他很有名，所以常被人问道：“你和开复的关系是……”我也一直回答：“我当然知道他，不过，他可能不记得我。”因为他带领一个三四百人的大中华区团队，每次见面常是大堆头的会，所以并不指望他会特别记得我。之前看过他写的两本书（《做最好的自己》及《做21世纪的人才》)，想说他这么忙，还能写出这些质量俱佳的书，而且每次看到他都是气定神闲，一副“治大国如烹小鲜”的雍容，所以也自然想向他效法。而且他又被誉为“中国的青年导师”，还有一个网站专门与青年朋友互动。我本来只是“斗胆”试试运气，看他可否帮我推荐挂个名就好，没想到日理万机的他，第二天就写了篇序，看完之后，让我感动莫名。

从今以后，再有人问起我和开复的关系，我不仅确信他记得我，还会骄傲地说：“他还帮我的书写过推荐序呢！”谢谢你！开复！

另外，更要感谢我所景仰的卡内基训练负责人黑幼龙先生及好友作家王文华的推荐。

最后，用我最喜欢的诗人华兹华斯(William Wordsworth)的一首诗《喻意永恒颂歌》(Ode: Intimations of Immortality)里的一段诗做总结：

Though nothing can bring back the hour
Of splendor in the grass, of glory in the flower;
We will grieve not, rather find
Strength in what remains behind;
虽然任谁均无法挽回
草原里的光辉，繁花盛开的时刻。
我们不要悲伤感叹，
宁可在残余中找寻力量。

能借着这本书，提醒一些人珍惜所有

——也许是亲情，也许就是生命本身，余愿足矣！

“哀恸的人有福了，因为他们必得安慰。”（《马太福音》5章4节）

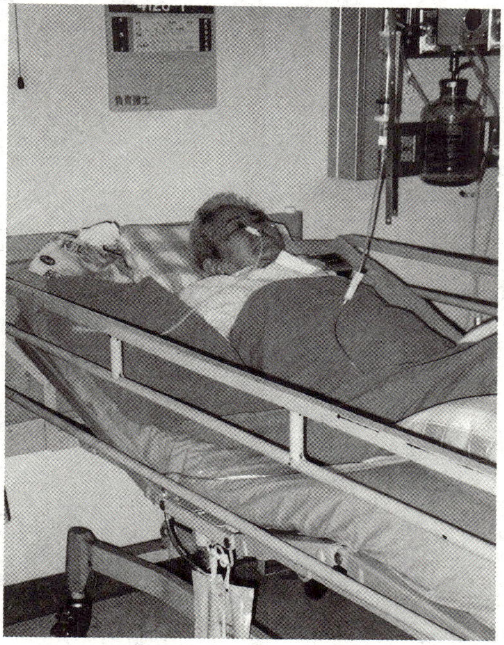

妈车祸后变成植物人，还好靠着上帝的大能及医护人员、家人、教会弟兄姐妹的帮助及代祷，终于醒来，但身上插着三根管子（鼻胃管、尿管跟气切管）。

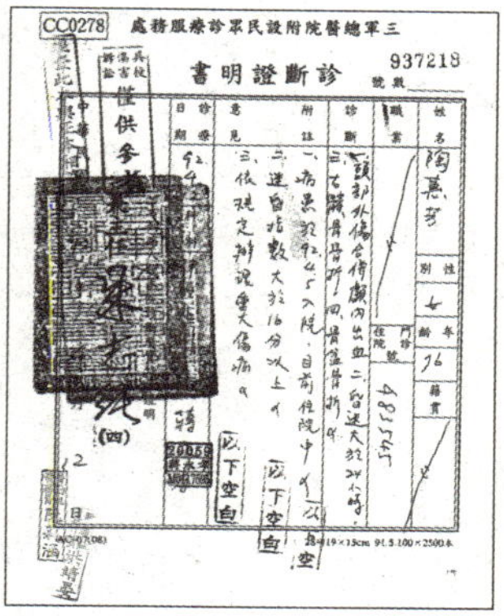
CC0278 三軍總醫院附設民眾診療服務處

診斷證明書 937218

妈出车祸的诊断书。

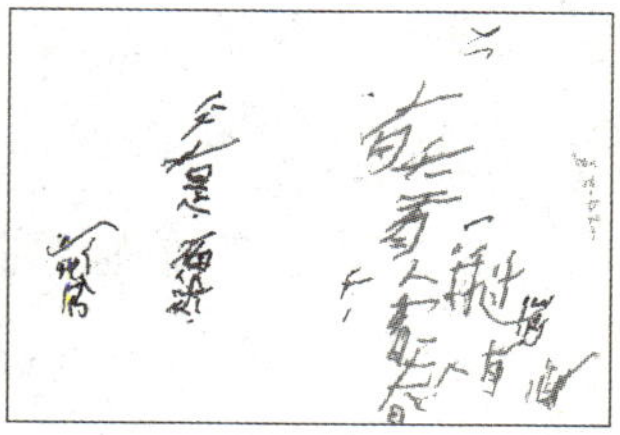

妈车祸后，曾一度拿笔写了只字片语，仿佛想要告诉我们说些什么。

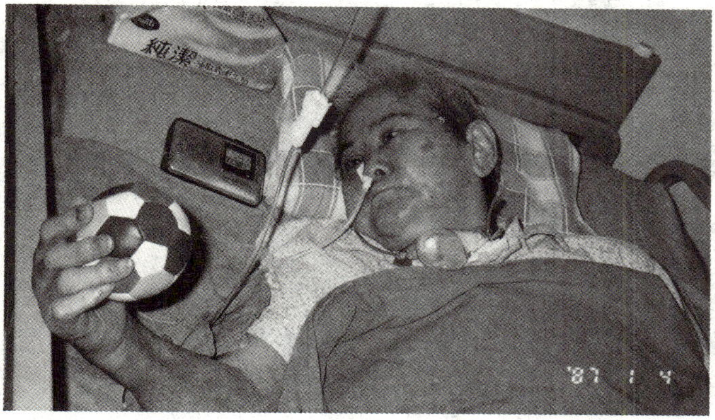

妈刚出车祸时，昏迷不醒，我们透过常帮她按摩、祷告，不在时利用录音机放诗歌及我们的说话给她听，感谢主，她清醒了！后来也常透过复健及玩具，持续给她刺激。

推荐序

草原里的光辉

殷允芃　《天下杂志》董事长兼总编辑

拿到这本书，很想一口气看完。

原因之一是认识作者。在张成秀一路勇往直前的旅途上，《天下杂志》恰是她踏入社会工作的第一站。那时她给人的印象就是聪明、能干，而自动自发，23岁就当到《天下杂志》广告部的小主管。

往后她出国留学，转战各知名外商信息公司，偶尔相遇，给人的印象，仍是一路匆匆。但难得的是，勇往直前里，仍带着纯真和开朗。

直到看完这本书《真情与无畏：从女工到Google台港业务总经理》，才了解到成秀的坎坷成长背景，和她为什么决定将她的人生际遇坦诚地与大家分享。

父亲经商失败自杀，二哥住进精神病院，母亲被摩托车撞成植物人。书中她娓娓道来，说那是一种净化、疗伤、思念与大和解的过程。信教甚诚，这也是张成秀分享的一种见证。

书中充满了张成秀对母亲的思念和唤不回的遗憾。她之所以能突破穷困，勇于追梦，靠自己的努力读书，力争上游，不断成长，都归功于当清洁工辛勤扶养儿女的母亲：陶婧培女士，一位比“佐贺的阿嬷”更开朗、更充满智慧、更永不放弃的女性。

在感人的阅读里，许多人可能会自然联想到自己母亲依稀的身影。母亲往往是家中最温暖、最坚定不移的力量。母亲总是会有充满了弹性的生活智能，帮助孩子度过一个又一个的成长难关。母亲似乎是一个永远都会在你背后，默默地、无私地、源源不息给你支持的力量。直到有一天她忽然倒下，做子女的才突然体会到，对母亲的依恋这么深，了解却这么少。

正如张成秀引用华兹华斯的诗，“草原里的光辉”无法挽回，但我们可以在“留下”里寻找力量。

什么是最值得留下和怀念的？

是那种永不放弃的做梦企图和权力，对未知的好奇与探索，对美好社会与事物的向往与对温暖的分享。我想这也是张成秀的母亲，以及普天下的母亲，最希望留给下一代生生不息的力量。

推荐序

火线下，常存一颗感恩的心

张孝威　前台湾大哥大总经理暨执行长

1989年，我在为纪念父亲所设立的“张心洽先生学术基金会”面试赴美的留学生时，有一位学生的经历特别不一样，面试的委员们最后一致决定，把那一年的奖学金名额给了这位学生，而不是另一位同样优秀的学生。这位面试者的成绩不是最高的，但是委员会最后认为她的态度十分诚恳，家境困顿，确实有此需要。而且她个性开朗、积极，对未来求学的规划能够侃侃而谈，让人印象十分深刻。

1991年，她从斯坦福念完MBA，即束装返台，回台服务，也信守了当时“接受奖学金，即回台湾工作”的承诺。在我看来，这是值得肯定的。总的来说，接受奖学金的学生，能够到美国深造，本身原就条件俱佳，当然就有更多的机会留在美国工作。我们也曾遇过赴美之后就无法信守诺言，学成之后回台服务的例子。所以这位学成回到台湾留学生的名字：张成秀，当然又再次令我记忆犹新。

后来，她虽然工作十分忙碌，却常常主动和我联络，和我分享一些工作上的心得，有时也会问我一些意见。成秀这种不忘本、心怀感激的特质，在我所接触到的年轻朋友身上不常看到。也因此，多年来虽然未曾共事，我一直知道她的近况。

果然，她在工作上迭创佳绩。在台湾微软任职近八年期间，成功带领Windows95产品上市，并屡创销售佳绩。后来她举家移民美国，也参与另一项智能型手机的国际开发业务。不过后来传来成秀的母亲车祸意外，成为植物人的消息，事母至孝又身为基督徒的她，在潜心祷告之后，领受到神为她引导回台之路，马上放弃在美国优渥的生活，全家搬回台湾，甚至不工作，专职陪伴在母亲身旁长达半年。

在这个过程中，成秀也曾征询我一些意见，例如她该留在美国或是回台湾？母亲脑部重伤，到底该不该做引流手术？虽然我不能给予什么实质的帮助，但是她处事冷静、全力以赴，不放弃任何希望的特质，产生了意想不到的结果。成秀最后竟然救回了在鬼门关徘徊的母亲，让我想起巴西名作家保罗·柯尔贺（Paulo Coelho）的一段话："当你真心渴望某样东西时，整个宇宙都会联合起来，帮助你完成。"爱，唤回了昏迷的母亲，成秀的这段经历，让我们见证到信仰如何让人绝处逢生。

这段期间，我也从台积电财务长，转到台湾大哥大工作，亟需招募好手加入新团队，我马上想起成秀。相识多年后，我们第一次有共事的机会。在担任预付卡事业处资深处长一职期间，成秀成功运用"以客户需求为核心"的智能型营销手法，推出业界首次为增进亲子关系量身打造的"Fun心预付卡"。这种针对特定消费族群的分众营销，不但在同业业绩大幅衰退20%之中，让业绩及获利都逆势成长，还带动产业风潮，为手机市场开创了新契机。如今，成秀担任Google台湾及香港区的业务总经理，对于喜欢创新的她来说，又是一项新挑战。

在职场30年的生涯中，我曾面对各式各样的挑战，有高潮，当然也有低潮。常有年轻朋友问我人生的理念，例如面对大浪袭来的人生困境时，该如何因应？有人描绘我是“在火线下，保持一颗冷静的心”，其实我后来自忖“在火线下，常存一颗感恩的心”才是我完整的座右铭。

看完成秀亲笔撰写的《真情与无畏：从女工到Google台港业务总经理》，我觉得她的故事也是“常存一颗感恩的心”的写照。或许你正身陷事业瓶颈，亟思再创高峰；或许你的家庭遭逢意外，正待奇迹出现，我非常乐于推荐这本书，因为没有人能保证天色常蓝、花香常漫，但是，成秀和你分享有关工作、人生甚至于拯救母亲的故事，可以激励你把生命中的磨难化为祝福，因为“我们在一切患难中，他（神）就安慰我们，叫我们能用神所赐的安慰，去安慰那遭各样患难的人”。（《圣经》之《哥林多后书》1章4节）

推荐序

工作能量，来自于母亲的人生智慧

李开复　原Google全球副总裁

听说成秀（Rebecca）要出一本关于她自己和她母亲的书，我在第一时间向成秀要来了尚在编辑中的书稿，先睹为快。

书中的文字轻盈，情感却真挚而厚重，像是幽谷深潭中平静的水面，舒缓、澄澈、含蓄而深远……从渐渐远去的童年时光，到充满真情的生活剪影，从父女、母女之间的牵挂与关爱，到与妈妈相处时的每一个情感瞬间，成秀用看似平实、随性的笔触，由小及大、细致入微地勾勒出了自己与母亲、与家庭之间的亲情脉络，并在不经意间，为读者介绍了自己从母亲那里获得的最有价值的人生智能。

在我的心目中，成秀是成功职业女性的代表。我们曾一同在Microsoft公司共事，现在又一起为Google亚太区业务的发展而努力。记得她在参加Google公司的面试时，曾经为我们展示了一整套经过精心设计和细致准备的企划案，并告诉我们在她心目中，Google最应该做些什么，以及Google为什么一定要雇用像她这样优秀的人才。当时，她的自信和天分深深打动了我，我相信，她是那种可以为公司的业务发展注入无限活力的人。

事实上，无论是在Microsoft还是在Google，抑或是在她以前任职过的台湾大哥大（Taiwan Mobile）、Handspring等知名企业，她都表现出了极强的敬业精神，超群的商务拓展能力和出色的领导力。在我和她共事的时间里，我发现，她总是充满热情，善于用乐观的态度面对挑战。她在团队里总是有着极好的人缘，可以很快赢得几乎每一位同事的尊重和信赖，她身边的每一位员工都觉得和她一起工作，是一件非常愉快的事。在Google台湾的商务运营中，她展示出了非凡的才华。作为商务团队的领导者，她的努力使得整个团队的业绩不断进步，为Google在亚太地区的发展做出了重要的贡献。

除了成功职业女性的这一面，在成秀身上，还有着做为女儿和母亲的温柔、感性的另一面。成秀的这本书《真情与无畏：从女工到Google台港业务总经理》，让我们认识了一个和绝大多数美丽、善良的女性一样，有着万千情感，充满了智慧和爱心的成秀。在成秀和她所深爱的母亲之间，我们可以同时看到欢笑和泪水，看到理解和宽容，看到期望与担当，看到体贴和关爱……

其实，就是在这些真挚而细微的情感中间，才包含着无比深奥的人生哲理，才蕴藏着值得我们永远回味的生命智慧呀！

推荐序

比Google更好的故事

王文华　作家

投资人都在寻找好的"Story"。"故事"好的公司，营运模式符合当前的热潮，而且充满想象空间。

Google创造了史上最成功的股票上市案。大家抢Google股票，因为它有一个完美的故事。"搜寻"，是网络最重要的功能。"广告"，可以带来无穷的营收。

我也跟大家一样，抢Google股票，相信这是全世界最好的故事。

直到我读了成秀的书。

我发现，在Google工作的她，故事比Google更精彩。

但她的故事，并不符合当前热潮，也没有想象空间。反之，充满了冰冷孤独和血淋淋的现实。

表面上，成秀有个完美人生：富裕的家庭、北一女、台大、斯坦福、微软、Google、爱她的老公、女儿。

成秀信上帝，上帝也对她很好。上帝怕这些成功让她太boring了，于是丢给她一些变化球：爸爸跳楼自杀、二哥是精神病患、妈妈出车祸变成植物人。

这下子，成秀就不能只做一个模范生而已。也因此，她的人生有了值得我们学习的东西。

《真情与无畏：从女工到Google台港业务总经理》是成秀的第一本书。正因为这样，她没有染上我们这些职业作家的恶习。她很真诚，而且是近乎残酷的真诚。

我不知道有多少外商公司总经理，会跟朋友说她家人自杀和车祸，更别说把这些事写成书，告诉无数未来可能会跟她做生意或做朋友的人。

张成秀这样做了，而且她的写法和Google的首页一样：简单、坦白，一搜寻，一览无遗。

有人说，太真诚的人，在商场上是会吃亏的。成秀过去的成功和现在这本书，都证明这未必是真的。好加在！（台语发音，好险的意思）真是好加在！

“真诚”是这本书的风格，而“家庭”是这本书的内容。

每一个人的家，都可以写一个故事。而这些故事，都有很多的共同点。

读到张妈妈替成秀做早餐，替她做画板（女儿却不领情），装了气切管后勉强叫出儿子的名字……张伯伯买“爱国奖券”、带儿女到处吃喜酒、做黑糖炸馒头给他们吃……这些鸡毛蒜皮的小事，不仅发生在张家，也发生在你家和我家。

美好的人生，也就是这些寻常小事。人生的智慧，就在这些鸡毛蒜皮。回首过去，我们哪会记得家人的名利双收、丰功伟绩？都只记得家人的日出而作、日落而息。

这本书写一个平凡家庭遇到不平凡的事件后怎么活下来，写一个好学生碰到联考没有考过的难题时怎样解决。成秀那些第一志愿和外商公司的经验，虽然为大家津津乐道，却不是她生命中最精彩的部分。她最精彩的部分，其实不管我们是第几志愿，都会经历。那就是生老病死，和一个人在面对家人生老病死时，如何表现出她最美好的一面。

而那一面，就是我读完这本书后学到的东西。我合上书，第一件做的事，不是打电话给成秀，而是打给我妈妈。成秀，谢谢你用一个精彩的故事，提醒我们这个人生最简单、却最难做到的道理。为了感谢你，我会卖一张Google的股票，来买你的书。

前 言

莫做等闲看

张成华

写这篇文章，不是为我妹的这本大作《真情与无畏：从女工到Google台港业务总经理》做什么补遗，她既不是什么天山雪貂、西域紫貂的名贵系谱，我也不至于用我这狗尾去滥竽充数；而是以一位第一手目击证人的身份，可以很负责任地告诉诸位看官，我妹今天这点小小的成就，绝对是水里来、火里去，所谓百炼成钢的正是。

首先，切莫把我们家的过去视作为普通的三级贫户，我们并不属列管的三级贫户，否则我妹今天的成就还不止这样。

“噫！这就奇了，你们家不是很穷很穷吗？那为什么不能厕身三级贫户之列呢？”唉，看官啊，您有所不知，三级贫户虽是政府的德政，却是由里长伯核实的。直白地说呗，里长伯说你家是三级贫户，你家就是；说你家不是，就不是。这样你了了吧！

再直白一点地说呗，那时我爸跟我们家附近的里长伯借了点钱，却没还。这下你更了了吧！

我们家穷到名声发臭的地步（至于如何可以穷到名声发臭，请参考本书，不赘），姑且称之为臭穷。

当一个人忝为臭穷，他就是人民公敌，等同于褫夺人权。

“你也太夸张了吧，只有那些被抓到还得等三审定谳的江洋大盗和贪官污吏才会褫夺公权，你讲什么臭穷人就褫夺人权，什么跟什么？”

亲爱的看官，这就是本文的重点所在了。

我就是不希望列位看官，把我妹的这本书看做是另外一部马拉松指南，或是讲一个喜欢做磁铁实验的阿嬷的书。这绝对不是一本励志书，或一本像您想的那么简单的励志书。我敢打赌，你无法照着我妹过去走过的路再走一次（我指的是经历，不是努力），我也祷告上帝您不会有同样的遭遇（不信？去问我们那位住在精神病院的弟弟）。我要说的是，依照这个社会约定俗成的看法，我妹本来就该去念商职的夜补校，幸运的话，嫁给一个保险公司的经理，下班后夫妻俩一起去卖健康食品；不幸的话，就该嫁给一个酒鬼老公，做电焊女工，生一堆孩子，然后没事就去公立医院拿验伤单。您如果曾经从报上新闻小辞典里读到过“结构性贫穷”这条词条，您就知道我没在唬烂你。

话说，当我妹拿着高中北一女的成绩单，回家跟家人说她想念北一女，我这是生平第一次知道什么叫“铺天盖地”而来。铺天盖地而来的不是贺喜声，而是埋怨的声音：“哎呀，家里那么穷，念什么北一女嘛，还不赶快去念师专，出来当小学老师就算了。”我印象最深刻的是亲戚中一位“声若洪钟”（不听她的不行）、“面如重枣”（血压高）、“急公好义”（她想管的事就是公事）加“嫉恶如仇”（她的恶也是何昔日之芳草直为今日之萧艾式的）的人物，不辞路远，巴巴地转两趟公交车来到我们一贫如洗的家，在企图道德劝说我妹放弃理想不成后，又巴巴地转无数趟公交车到每一个亲戚家里，向他们数落我妹大大地违背了中华伦常、台湾道德、原乡传统、原住民精神等种种罄竹难书之十恶不赦、大逆不道的罪状。

有关这段陈年往事，想我妹必定云淡风轻、轻描淡写，一笑泯恩仇地一笔带过，或绝口不提。可我不行，因为我是实际被抓去念职校的那个。

至此，我才完全明白，原来作为一个臭穷人，是连梦都做不得的！

我也才完全明白，原来那位有着“天之生民皆为我牧”情操、头顶光环的院长所说的“你要做牛，不惊呒犁拖”的真正涵意是：臭穷人就不好妄想做千里驹啰，还是认分做牛做马，这样才不会给大家添麻烦。

从一个生产线的焊锡女工，到今天Google台港业务总经理，我妹要撞破多少块牢不可破、有形无形如上所述的社会阶层天花板，才幸得晋此？

浴血奋战这种俗滥片不是只有好莱坞有。我亲眼看过我妹晚上不睡觉，累了只在桌上小趴一下，夜以继日、日以继夜地读书。

但是，我要再次很负责任地声明：这于我妹的苦难，只是小菜一碟。

她没有被臭穷人的酸腐之气——与贫穷如影随形的羞耻感——击倒，反过来还战胜它，这才是我认为她最值得令人大大喝彩的地方。

在那段猪不吃、狗不闻（我老妈的用语），开门唯见债主临的岁月里，是人都恨不得把自己的穷绝困倒像什么见不得人的烂疮皮肤病一样遮掩起来，我独见我妹将她的大学好友迎进我们那个德国表现主义的家（楼板倾斜还中间凹陷，我不骗你），谈笑风生，大啖凉水。

曾经身为而今不再的臭穷人，我妹首先严拒、顶住，再远远地往后扔了臭穷人不得做梦的庞大社会压力。更令人发指的是，她竟然做了所有社会不期待臭穷人做的事，她的罪状包括：当选北一女乐队队长；当选台大班代表两次及毕联会副主席，自己家教学业忙不过来还要服务同学；交一堆朋友，每天过得风风火火。更更令人发指的是（顺便狗仔一下），在那个牯岭街少年犹惨绿的年代，她高中时代就有男生跟到家里来赖着不走，大学时代追求者更是三上三下如同王建民的三振球。

掉一句在《红楼梦》里曹雪芹说过的话："这里没有满纸无病呻吟的荒唐言，辛酸泪是流给自己往肚里吞的；但是，诸位贤明的看官啊，个中的五味杂陈，且莫做等闲看。"

第一部

如何把一座山，放进一个小茶杯

人生的精彩、繁复与困难，往往远超乎我们的想象……Palm操作系统的幕后功臣灰谷先生每次演讲时，都喜欢问一个非常具禅意的问题，就是“如何把一座山，放进一个小茶杯？”（How do you put a mountain into a tea cup?）每次都是在大家搔头不解下，他秀出当头棒喝的答案：“挖出山中的钻石放进杯中，谁需要整座山的泥土呢？”（Dig out the diamond to put into the cup. Who needs all the dirt?）

寻找成就动机的DNA

自从2006年9月底加入Google后，就过着“暗无天日”的日子；早也做，晚也做，连睡觉做梦都在做sales pitch（销售提案），简直已到走火入魔的境界。

也不知怎么回事，从小到大做事都是“拼命三娘”，不管做什么，总是想把事情做好。从小学一年级就当班长、学艺股长、班代表，一路上来。演讲比赛、朗诵比赛、书法比赛，更是得奖无数，每次得奖或考第一名，妈就会笑眯眯地说：“成秀好棒！”我就上了瘾了！就不断地强化这种循环。长大后回想才发现，妈的方法口惠而实不至，简直太cheap（便宜）了，却如此有效，而且没想到“完全符合”后来风行的EQ理论！

但我也因此得了“成就强迫行为症”，不晓得有没有心理学家研究过这种病例。典型的症状就是：一做起事来，就朝思暮想，不可终日，连刷牙都会想；而且说也奇怪，我刷牙时，思路特别清晰，所以不知不觉刷得又用力又久。有一次有个牙医说，应该找我帮他洗车，因为刷牙刷得这么干净，珐琅质都快磨光了！

非常惨烈。

因为极强的成就动机（详见《创新的种子》，有解释这成就动机为何），要做的事情太多，就变成急性子，做事特别讲求效率。

我有个很有名的实例，有不少朋友知道，就是我在Microsoft当Windows 95的产品经理时，每天做不完的事，有时连电话留言就有100通，一点也不夸张。因为Windows 95这么划时代、具策略意义的产品，台湾微软也只有我这么一个产品经理，所以不管是代理商、经销商、广告公司、公关公司、出版社、记者、ISV（软件开发商）、IHV（硬件开发商）、power user（玩家）、讲师，所有人大大小小的事都是找我。因为身为PM（产品经理），我就是整个Windows 95的项目经理，我也是该产品最终成败的负责人，这是我非常感谢我的老长官前台湾微软总裁范成炬的地方，他对产品经理的角色定位与期许十分清楚。记得他那时常跟我们说，你们PM就是产品的小总经理，所以不管出了什么状况，不要跟我抱怨是研发的问题，是技术支持部的问题，还是营销沟通的问题，我都唯你是问，所以你最好搞清楚状况，然后直接与该部门协调解决。

这对我是很好的训练，养成我解决问题的能力。但这样扎实地蹲了多年马步，也导致我时常要蹲马桶蹲很久。

因为生活步调实在太紧凑，所以我那时电话答录就改成“请用email或传真与我联系，我会优先处理”，不然每次光边听留言边记，就得花上快一个小时。所以常觉得电话答录早该被淘汰，它是linear processing（线性处理），其内容没办法被很快扫描，也无法快速前进或倒退，而且电话号码不小心数字没听清楚，就要从头重听，非常浪费时间。其实最好的方法就是将电话答录透过语音辨识系统，用简讯送到手机，这样即便人在会议中，也可立刻判断是否为急事。像台湾大哥大有个“电话秘书”的服务，虽然不是用语音辨识的技术，而是用人工接听，但立意甚佳，是忙碌人士的好帮手。但不知是技术的瓶颈还是什么别的障碍，语音辨识直到今天还没有商业化！

另一个我做事讲求效率的具体实例——我去上个厕所，要同时做六件事：

一、去拿水；

二、把改过的广告文案传真给广告公司；

三、跟客服讨论服务流程；

四、刚校好的新闻稿给公关；

五、去仓库拿一个免费试用版；

在Microsoft时代，担任Windows产品经理时，曾有幸与比尔·盖茨（Bill Gates）两度同台，他演说，我做demo（视窗产品演示）。

六、到柜台请快递送试用版给记者。

我还会在心里很快规划最佳（短）路线，所以时常憋尿，导致隐疾！

有时，也不太懂为何自己这么劳碌命，人道是“君子动口不动手”，我却必须一直很“小人”。

都怪我妈，从小就让我对“成秀好棒！”上了瘾。

通过Google13关面试的13个心得

2005年底，我开始了我的“休耕期”。地，需要休耕，才能继续长出好作物；人，也需要休耕，才能走更长远的路。

列出了计划，每天仍然有待办事项，我开始做一些很久以来一直想做而未能做的事，包括：开始着手写这本书，多陪陪妈，日子好不悠哉！还带妈去台北101吃生鱼片。

休耕了近半年，突然有一天，接到人力中介电话，问我有没有兴趣跟一家公司谈谈。

按照惯例，他们是不能透露客户的名字，却会给对方一些方向：全世界领导性的因特网公司，强调创新，等等。我深吸了一口气：“Google！”对方说：“Bingo！”（这样他们并未违反NDA——保密协议）。这是我梦寐以求的公司！本来我在休耕期间，根本就没想去找工作，但这家公司，我从2001年即开始注意，2003年差点加入，这一次，我决定不再让机会擦身而过。

2001年，我还在世界级顶尖的智能型手机Handspring公司担任国际产品营销负责人，我们的Treo（产品名）在美国该领域高居销售冠军，因为，简单好用的Palm操作系统，结合PDA功能（如行事历、通讯簿），加上还可上网！我们买了一个Stanford的团队，他们做了一个很棒的手机用的浏览程序叫Blazer，有非常强的串流技术，不用等整页下载才显示网页，而是边下载边显示，减少使用者等待的时间。这么好的浏览程序当然要配上一个好的首页，我们那时选的不是Yahoo而是Google，因为Google简洁干净的界面，完全符合我们的品牌精神与设计理念。

因为工作上要处理的事太多，放松自己的方式，就是坐计程车上班途中读《圣经》解压。

有些人可能听说过Handspring，其实是Palm的创办人所设立，其中有位Palm操作系统接口易学好用的幕后功臣，是日裔美国人灰谷先生（Rob Haitani）。他有一个很有名的理论，叫“Palm的禅学”（The Zen of Palm），他每次就这个题目演讲时，都会用一个非常具禅意的问题做总结，就是“如何把一座山，放进一个小茶杯？”当然每次都是在大家搔头不解下，秀出当头棒喝的答案——“挖出山中的钻石放进杯中，谁需要整座山的泥土呢？”

所以那时就对Google有一种“惺惺相惜”的激赏。离开Handspring以后，在思考下一步时，曾经想到Google，那时人还在美国，于是上网看有何职缺，居然有国际产品营销的缺，正是我的本行！赶紧整理资料寄过去，不久果然接到回信，对方安排了电话访谈。本来有点失望，怎么只有电话？想当初Handspring一看到我的履历，立刻打电话给我，安排与灰谷先生面谈，总共只谈了三个人，就给我工作机会了！

但我按捺住我的急性子，经过了两个电话访谈！接到面试的通知，去了之后，谈得非常顺利。但不巧的是，2003年妈出了车祸，事情急转直下，决定回亚洲好就近照顾妈，自然无心恋栈，就自动放弃了继续面谈的机会而退出了。所以，这一次接到人力中介的电话，觉得也许是一种缘份，决定姑且一试。

很多朋友事后知道我进Google，往往说："你进Google当然很容易啊！你Stanford毕业，你们的共同创办人也都是Stanford的！"殊不知比我优秀、条件好的多如过江之鲫，而且Google那时平均要经过十一二关interview（面试），我可是通过13关才进来的，朋友戏称这好像是"少林寺的十八铜人阵"，一点都没有侥幸。所以我想分享一下，在这漫长过程中所用的13个"绝招"。

1、见面三分情

如前所述，Google前几关通常是电话访谈，这对很多英语非母语的人而言，是最困难的，所以很多优秀的人才在前头就惨遭滑铁庐，因为只能用声音，没法用身体语言的辅助，你也无法看见对方的反应，往往在回答问题时，只是面对一片沉默，无法透过四目交接，了解对方是否对答案满意或是已不耐烦。那怎么办？

你或许能要求可否改为视讯会议，若对方拒绝，甚至可用激将法说对方是高科技公司，这应不算难事。

2、化被动为主动

事先准备好企划案，把你对这个职位应如何做好的计划事先送给对方。在面谈开始时，就可问对方有无收到，有何问题，如果企划案写得不错，通常对方会请你就内容做说明，等于你掌握了面谈的主导权。

3、知己知彼，百战百胜

尽可能事先探听好面试者的姓名、头衔、工作范围等，然后Google他们（动词，指“上网搜寻”的意思）。有几关面谈者，我不仅在面试前上网找到他们过去的经历，甚至找得到他们的照片！

所以有一次，两位面谈者同时面试我，都是第一次见面，我立刻说“A先生，您好！”、“B先生，幸会！”他们很讶异我怎么知道谁是A，谁是B。我说：“第一，两位都是鼎鼎大名的人物；第二，我Google过你们。”效果是一石二鸟，既恭维了他们，又表明我熟悉Google的产品与服务。

4、第一印象

如何在众人中脱颖而出？第一印象实在是关键！除了一般的履历表或简历，一定要附一些能让人更认识你或更突出你长处的数据，可以是自传，可以是得奖纪录，也可以是个人创作的作品。我当初是用cover letter（说明为何对此职务有兴趣的信）和履历，加上两篇我写的文章，后来我老板告诉我他颇喜欢我的文章，尤其是我写妈的《我最怕穿的一双鞋》。我曾雇用很多人，就是因为这方面也很用心。我在《天下杂志》第一次当小主管时，要找一个业务，《天下》是知名企业，应征函件一大叠，实在不知从何看起。其中有一位辅大的学生，连信封都是自己设计的，最后获得面试的机会，而且也被雇用了。

5、为他人设想

和我老板面谈前夕，好不容易才把所有的数据整理好，虽然也把电子文件寄过去了，但心想，我的企划案就将近100页，通常还是要打印出来才容易阅读，但我老板是出差来台湾，住在饭店，打印既不方便又贵，不如我帮忙印好送过去吧！但人力中介不肯告诉我他们住哪，他们已经够帮忙了，我之前问的所有东西都告诉我了：人名、办公室在台北101等。于是我心想，他们一定是住五星级饭店，在台北101附近，那肯定不是住君悦就是远企。打了电话去问，果然在君悦。

于是把所有数据用彩色打印出来，放到一个活页数据夹里，专程送到君悦，向柜台说明这是急件，务必立刻送到他们房间。君悦不愧是五星级酒店，没让我失望，老板事后告诉我，果然我的数据是面试前一天就拿到的。

6、做好功课

这也是老生常谈，但我不管是在Google或是之前的公司，一再失望且惊讶的发现：太多人没能做到这点。

很多人以为，他只要能让主考官对他之前的“丰功伟业”印象深刻，觉得他是个不可多得的人才，自然会当下立刻雇用。殊不知一个人再优秀，干卿底事？优秀的人很多，一个公司要找的是既优秀，又对公司了解及有热忱的人，所以Google很喜欢问：

“你在用Google哪些产品及服务？”

“你对它们有什么看法及建议？”

“你了解你所应征的工作内容吗？”

“你若进来，要如何把这份工作做好？”

其实我不是泄露Google的“天机”，这真的是放诸四海皆准的通则。

记得在之前一家公司，要找一个营销专才，面谈了数次有相关产业经验的人，但都未留下深刻的印象。反倒是一个没有任何相关产业经验，而是一家食品公司的营销人员，先是给我看她的杰作，放在整理得井然有序的档案夹内，然后回答我上述的问题，居然对我们的产业动态、竞争态势及她想加入这产业的动机及对这份工作的想法，都能有条有理、侃侃而谈。当然，她也被录取了。

其实，现在要收集这些数据实在比以前容易得多，随便上网都可以找到一大票，再不做好，实在该打屁股！

7、沙盘推演想个案

我非常喜欢考case（个案）。MBA的训练，几乎都是个案分析，知名的企管顾问公司也爱考case。因为一个人可以吹牛他过去有多棒，也可以拾人牙慧、现学现卖，上网找一堆产业新闻及市场数据，就把这份工作该如何做，“盖”得天花乱坠。但考case很容易看出一个人的思路是否清晰？推理是否具逻辑性？更重要的是，还可以看出一个人的个性。

有一次，有一个年轻女生应征Google，那天不知怎的与人事部门间的协调出了些小问题，把时间搞错了，结果我只有不到30分钟的时间跟她谈，只好单刀直入问case。我常扮演“奥客”（台语：爱找麻烦的客人）的角色，初生之犊不畏虎的她心平气和，颇有大将之风地响应我的反对，显示她对我们产品的价值及定位有正确的认识，而且还举了一个很好的例子。那时正值春暖花开的季节，她建议客户可以设计一个去日本赏樱的企划案。在短短不到30分钟的面谈里，她成功地赢得我这一票，是我目前看到ROI（时间上投资报酬率）最高的范例。

说也奇怪，有些身经百战的人，不仅抓不到重点，甚至会不耐烦到动气，觉得我这“奥客”简直不可理喻。记得有一次面谈，有一个人实在无法说服我，正准备放弃时，我放出一个饵，说：“如果这个方案，你可以提供这些使用者细部的资料，我立刻跟你签600万的合约。”他居然一口答应。我替他找台阶下，说：“不急！你回去确认一下系统是否可以做到这些，再回报给我，我还是会签600万合约给你。”他还是自信满满地说：“不必了！Google这么大、技术这么好的公司，应该不成问题的！”这种想当然尔的态度，让我当场傻眼。我心想，如果有这样的员工在外面对客户乱开支票，不是给自己找麻烦吗?

其实条件再好、阅历再丰富的人，碰到面谈，难免会紧张，加上case需要随机应变，临场做反应，难度更高。但有时就是要看到一个人的抗压性，及面对一连串的“NO”之后，仍否保持优雅从容的气度，不是吗?

8、善用视觉辅助工具

我在和Google面谈时，也被问到很多棘手的个案，这时我通常喜欢在白板或纸上画一些流程图，或一些架构，来帮助自己整理思绪及引导对方了解我的思路。当然最棒的是对方问你的问题，是你“考前猜题”就已想到，且写在你的企划案中的，此时就可从容地说：“让我们翻到第×页，来回答你的问题……”

9、先讲结论或解决方案，再引申

这其实是中英文思考及写作模式的相反之处。从小用中文思考及写作，都是先讲故事或先讲一堆理由，最后“好酒沈瓮底”，才是结论或这故事的道德意涵。但英文是相反的，第一段就是总结，若有三个主题，接着每一段就是一个主题，每段的第一句就是重点。

例如，我们中国人常讲“因为……所以……”。“因为设计的产品规格未考虑到周边的产品兼容性，导致测试失败，现在需要修改规格，把生产线暂停，因此可能无法赶在圣诞节出货。”

美国人会说：“Bad news!（坏消息）新产品出货可能赶不上圣诞节，将对本公司今年财务造成重大影响！”（这时他已成功地引起所有人的注意）。

“根据我们过去这两周跨部门的密切研究发现，原来根本原因是新产品规格未考虑周边产品的兼容性。所以已暂停生产线，修改规格中。接下来我们有两个选择：方案一及方案二。”

10、注意细节

在给Google的履历表上，我的电子邮件是gmail的账号。我至今仍然很讶异地发现，很多人来申请Google的工作，不仅是用别的账号，连gmail是什么也不知道。并不是说我们排外，你用别家的电子邮件，就别想到Google上班，而是walk the talk言行一致，如果你真的对这家公司充满热情，你难道不会想试用他们的产品吗？

此外，我也很喜欢面谈时再问一次应征者，哪一年自大学毕业？哪一年到哪一年在某家公司上班？不只一次，我发现他们说的与写在履历表上的不符合，这时他们通常会很不好意思地说，是记错了或写错了。如果你是主考官，你会不会对这个人打上问号？

11、一图真的胜千言吗？

很多人问我，应征函件上，倒底该不该放上照片。

这其实是见仁见智的事，我的建议是“It depends!”（视情况而定）。我们必须承认，人通常是喜欢看美的人和事物，所以如果你是潘安再世，或是有闭月羞花之貌，当然要附！但不要忘记，最好找一两位知心朋友，帮忙确认一下。因为你也许觉得你这张照片酷到不行，但别人看来，可能觉得这个人看起来很高傲，反而扣分。所以我建议要么就不放，要放不如用点创意，与其放写实的照片，不如放些强调个人特征或特色的插画。自己不会画？没关系！那干脆放自己在Second Life（虚拟世界）的Avatar（分身）或是wii中的mii喽！（指虚拟游戏中自己的人物形象）

12、表达感谢

《圣经》中有个故事，耶稣治好了10个大麻疯的病人，只有一个回来谢谢耶稣，耶稣不禁感叹："另外9个人，我不是也治好了吗？"

其实这1/10的比例已经算高了，面谈过这么多人，只有非常少数会发封电子邮件谢谢我。我自己则是每关面谈完后，都会这么做。有时没要到对方的联络方式，就请人事部门转寄。这是一个礼貌，更是一种纪律的表现！

13、实地勘察

有时和应征者面谈，对方不仅迟到，而且出现时满头大汗，连声抱歉说："走到购物中心那儿，找不到地方上来办公大楼……"我不禁心想，你之前怎么不来实地勘察一番呢？

也许是经过联考的"洗礼"，在"一试定终身"的年代，我们哪一个不是乖乖地在考前顶着酷暑去看考场？从坐几号公交车、走哪条路到哪所学校，到哪间教室自己坐第几排、最近的厕所在哪里？如果该厕所人太多，还有哪些厕所可去，等等，这不都是"基本动作"吗？

与Google面谈，有一关是在一家日本料理餐厅。我前一天晚上就先去看过，确定好地方不说，连菜单都先看一遍，想好自己要点什么。

另一次是在美国总部，我也是事先在Google Map上找好行车路径，然后前一天先去一趟，还看到他们在办一个Dog party（狗狗聚会），好多人带着自己的宠物狗和同事交换养狗心得。第二天面谈时我提到这个party。主考官问我怎么知道有这个party，我说我昨天来“勘察场地”。他讶异地说：“你昨天特地跑一趟来看场地？”我答道：“对！因为我非常重视今天的面谈，不想走错路或迟到。”从他惊讶的表情，我知道很少人这么做，从他满意的点头，我知道他对我的肯定。

这13个心得，不仅是我从应征者的角色加以应用、最后得到Google青睐的关键，也是多年来当主管，从“主考官”的角色，阅人无数所累积的观察。

果真能做到的人，就有福了！

创新的种子

我出生在香港，1岁来台湾，从小家境优渥，爸爸创业有成，不仅做玩具外销，还在当时最繁华的博爱路上开了一家专门针对儿童的百货公司，叫“孔雀行”，除了卖玩具还有高档儿童服饰，很多我的朋友小时候还去过呢！

父亲为人豪爽四海，做过第一届台湾玩具同业公会理事长，小时候记得看过他和李国鼎的合照，觉得颇骄傲——自己的父亲是大人物。而且我在学校也很拉风，因为常常带一些同学从没见过的玩具到学校，大家羡慕得都流口水。还记得有一个七巧桶，每一层颜色都不一样，一层一层打开后，最里面是只可爱的小兔子。还有一个是保龄球瓶形状的桶子，里面装了五颜六色的彩色笔，也都是保龄球瓶形状。除了拿来画图，还可把彩色笔当球瓶，一根根直立排好成倒三角形，再拿空桶子来当发射器，一按空桶肚子，盖子就飞出去当保龄球，还可以打成“全倒”呢！非常好玩！

爸爸是一个很有创意、也很敢尝试新东西的人，套句现代的词，就是很有创业家精神（我想我后来从事媒体及科技产业，喜欢

push the envelop, explore new frontiers<意指探索新事物>,可能也跟我身上流着他的血有关吧！）。所以他敢设计开发最新的玩具模具，妈妈说他那时投资在开模具的钱可能就相当于现在的上千万。但好景不长，在1970年代历经两次严重的石油危机后（Sounds familiar? Who said history never repeats itself? It always does!<是否很耳熟？谁说历史不会自我重复呢？永远如此！>），由于石油是塑料的主要原料，造成产品成本暴涨。但外销出口的订单都是几季以前就接的，当时的报价后来都不敷成本，那时金融避险这种商品可能还没被发明，导致出货愈多赔愈多，不出货的话，已开的模具固定成本资金已经投入，无法回收，最后终于因周转不灵而宣告破产。

那时台湾可没什么“Chapter 11”（指美国的破产法，可以提供破产者类似停损点的保护），就像一个悲情连续剧，剧情急转直下——爸爸从创业英雄变成狗熊，还身陷囹圄，负债累累，没过几年就抑郁而终。我还记得在他葬礼上，我们小孩站在他旁边，我盯着他的遗体一直看，无法相信我心目中的巨人（他180公分高，在他那年代足足可以当篮球国手）、安全的靠山，居然就这样倒下了！听长辈说化妆师技巧不错，本来蛮悲惨的死状，被修饰得栩栩如生，脸上好像还有血色。我看得一愣一愣，感觉非常超现实——眼见他起高楼，眼见他宴宾客，眼见他楼塌了。

自从家道中落后，景况大不如前，也真亲眼见识到门前冷落车马稀，俗话说锦上添花者众，雪中送炭者少。不过繁华落尽见真纯，我好像一夕间也长大懂事了，人说失去父亲就是失“怙”——失去依靠的意思，我们家三个都未成年的兄妹有刻骨铭心的体会。父亲去世后那年拍了一张全家照，每个人的哀戚及忧愁全写在脸上。

但其实首当其冲的是妈妈。她要应付上门来的债主，还要每天张罗给三个小孩吃饭，事隔多年回想，都觉得妈像是个魔术师，不知是如何变出钱来的！妈真可说是身兼数职，日理万机——又帮人带小孩，又响应政府倡导的“家庭即工厂”，接手工艺回来做，像塑料花、圣诞灯饰等，还去帮餐厅洗碗，洗到手都烂了，还做过清洁工扫厕所！我直到今日还是保持跟清洁人员打招呼、寒喧的习惯，因为看到他们就想到我妈，也因此养成了用厕所非常自爱的习惯，我一定尽我所能把马桶及地上用卫生纸擦干净。

妈也很厉害，光扫厕所就认识了不少工厂里上班的小姐。妈天生慈眉善目，很容易赢得人的信任，手艺又好，常常带去的便当色香味俱全，被大家抢来尝，吃后赞不绝口。结果几个小姐就央求我妈帮他们带便当，我妈本来不肯，怕忙不过来对别人无法交待。

但几番盛情邀约后又不忍心拒绝，只好扛下来。别人可能把这当做一个拓展事业的好机会，我妈简直就像多收了几个干女儿。她心肠好，做事又认真负责，虽然人家说就咱们家晚饭剩菜包去就很好吃了，妈可是一点也不马虎，前天晚上该腌的腌、该洗的洗，第二天早上4点起来煮新鲜饭菜给人包便当。妈又会变换菜色，光是蛋就可以做出三色蛋、西红柿炒蛋、银鱼炒蛋、绞肉蒸蛋等各种不同的菜色。妈也常不惜工本做一些费工菜——像冰糖蹄膀，卤汁收得恰到好处，冰糖把蹄膀的油都憋出来了，香而不腻，皮Q，里面的胶质及肉入口即化。红烧狮子头里面加了荸

父亲敢设计开发最新的玩具模具，妈妈说他那时投资在开模具的钱，可能就相当于现在的上千万。

人说失去父亲就是失“怙”——失去依靠的意思，我们家三个都未成年的兄妹有刻骨铭心的体会。父亲去世后那年拍了一张全家福，每个人的哀戚及忧愁全写在脸上。

考上北一女的暑假，为了筹措学费，去做生产线的焊锡女工（和妈、当兵时的大哥、二哥摄于家中）。

与妈摄于斯坦福研究所MBA毕业典礼。

有人问我为什么选斯坦福，因为它近硅谷，吸引喜欢创新的我。

念外文系时，粉墨登场。

我对自己发下毒誓——绝对要好好用功念书。后来，果然如愿以偿，全部以第一志愿考上我设定的目标。挥汗撒种之后，终于欢呼收割，和同学漫步于台大椰林大道（右四）。

上大学时，我住的房间。大哥说是德国表现主义的家——楼板倾斜，中间还凹陷。

荠，口感是软中有脆，脆中带软。糖醋黄鱼豆腐也是真功夫，鱼皮不破不说，那鱼和豆腐在我妈七字真言口诀下是“千滚豆腐万滚鱼”，入味都到骨髓里了！

我有一个同学，有几次到我家教我一些功课，到了吃饭时间，我妈是绝对会留客吃饭的，他因此尝了几次我妈的手艺。直到多年以后我们重逢，他立刻问我妈好不好，我还纳闷他什么时候跟我妈这么热络，他立刻坦承是非常怀念我妈的手艺。所以我常觉得我其实是很幸福的，虽然家里有这些变故，但妈妈尽心尽力把我们拉拔大，我们吃新鲜的她吃剩菜，我们过年买新衣她穿旧衣，苦其实是她在吃，我们仍被呵护得很好。

但也许是她唯一女儿的关系，我和她特别亲，也因此我看到她多少次泪水满面，却又擦干，硬撑着已日渐羸弱的身子，从清晨4点忙到晚上2点还要去河边洗衣服。我很黏妈，有时就吵着要跟去，通常此时夜也深，人也昏，仿佛和妈一同踏入一个梦境。虽然悲苦，但天阶夜色凉如水，随着晚风吹来，妈有韵律地敲打着衣服，河水也仿佛加入合唱，谱出“河畔洗衣小夜曲”，哀怨中也带些大自然无言的抚慰。

看到妈每天都像把自己榨干这样过日子，非常心疼，可是年纪小也不知还能帮什么忙。妈总说我只要把书念好，她就心满意足了！她还常唱《读书郎》这首歌来勉励我：“小嘛小儿郎，背着那书包上学堂，不怕太阳晒，也不怕风雨打，只怕老师骂我懒呀，没有学问，无脸见爹娘！”这首歌要用妈带乡音的鼻音唱才好听。

我那时脑海中，就清楚地浮现我要追求的目标，就是考上我听过最好的学校——分别是北一女及台大外文系，我写了两张字条贴在案头，日日提醒自己，不敢或忘。有时，念书念累时，打自己嘴巴，捏自己大腿，不一而足，就差没头悬梁、锥刺股。

在努力念书的同时，我小学五年级就当家教，帮家里还杂货店的赊账（很感谢那个杂货店老板，愿意用这种方式让我们还债减轻负担），我可以做塑料花比所有人都快。我考上北一女的暑假，为了筹措学费还去当童工，做生产线的装配女工。那正是灰色也晦涩的存在主义盛行的年代，我每天抱着《少年维特的烦恼》、《野鸽子的黄昏》、卡夫卡的《蜕变》去上班，一有休息时间就看，但一上工时我的效率也是第一，因为在家做手工已训练有素。搞得我旁边的大姐姐们不太高兴，说我这样把她们每天的目标都拉高了。然后休息时，我也插不进她们的聊天，因为她们主要聊衣服和男人，我在那环境极端格格不入。还记得我负责焊锡的工作，是把电视里的一些组件焊起来，那焊枪烧化锡时会有一股很强的味道——not very pleasant!（非常不舒服）加上不断反复机械化的动作，都觉得自己快变成机器人了！暑假过完对自己发下毒誓——绝对要好好用功念书，再也不要去做女工。

后来，果然如愿以偿，全部以第一志愿考上我设定的目标，研究所也是申请到Stanford Business School（斯坦福商学院），它扶植了硅谷，让新技术很容易可以实现，吸引了喜欢尝试新领域的我。

还记得在研究所暑假找工读机会时，在跟P&G（宝洁公司）面谈时，主考官问了我一个问题，我当场克制不住，泪流满面。不是他考得太难我不会答被吓哭了，而是他问了一个很简单却很深的问题——You've been doing well. What's your motivation? What drove you to work so hard?（你已经做得很好了。你的动机是什么呢？是什么使你这么努力地工作呢？）我当时愣了一下，因为之前都在准备讲自己的丰功伟业，没想到会一问就被问到心坎里。

Yes, I have come a long way. Why did I work so hard?（是的，我走了很长的一段路。我为何如此努力工作？）脑海浮现出母亲慈祥的脸，就忍不住鼻酸，她辛苦一辈子，我何时才能让她过过好日子呢？主考官不知是被我吓到了，还是被我的真情流露感动，我被录取了。

就是要追梦

妈的本名其实不是“陶蕙芳”，而是“陶婧培”。婧，是纤弱的样子（妈才155公分高，也算人如其名，但她却是外柔内刚）；培，是因为她刚好是“培”字辈。以前通常每个家里都会给每一代一个共同的字做名字，这样大家即使分枝散叶，还是很容易算出互相的辈份，所以常有八旬老翁叫乳臭未干的小孩“叔公”的笑话。爸告诉我们，咱家谱是“大庆荣宗，成龙道德”。爸是“宗”字辈，所以我们家三个小孩都是“张成X”，成字辈。本来一般女儿取名时不用套族谱上的字，但我的却有，可能是因为妈是培字辈，而她父母也让她用“培”来取名吧？

妈是长女，她说下面好几个弟妹都早夭，好不容易后面一连五个弟弟都保住了，她就变成了父母唯一的女儿，也成了大姊头，个性爽朗大方，很喜欢帮助人。从前有个表弟常被人欺负，我妈会出来护着他，帮忙主持正义，连要过河，都会背他在背上，怕他被水冲走。后来妈车祸住院，即使在SARS期间还常来探望她的，就是这位表舅。

妈从小聪慧过人，学什么像什么，表姊们在学女红时，她在旁瞄一眼就会了。求知若渴的她一心向往去城里念西式的学堂，奈何外公外婆舍不得把唯一的女儿送到城里，一直把她留在身边，请私塾老师来家里教，念些四书五经之类的，后来战乱风声鹤唳也就中断了。据说外公精通中医，常帮助别人，不拿钱，当是做好事，可惜没传给我妈，不然妈就可以像韩剧《大长今》中的李英爱啰！

家中有些田产，听妈说家乡冬天好冷，幸好有自家酿酒的酒窖，妈有时就揣些花生在口袋，躲到酒窖里，因为里面要发酵，暖烘烘的，还不时嘴凑着滴管吸吮几口新酿出来的酒，快活似神仙。难怪后来妈酒量一直很好，还会自己“私酿”很多好棒的酒，有桂花酒、药酒等。妈还有一个专治跌打损伤的药酒，好些亲戚都是常客，喝完还要。可惜妈的绝活我没一样学会。

16岁，家中先是听到有日本人要打过来了，传言说女生会被欺负占便宜，赶紧叫她女扮男装，还时常在脸上沾些煤灰，让自己看起来灰头土脸。别人可能会因此而愁眉苦脸，妈好动活泼，反而觉得如鱼得水，可以像男生一样活动自如。

后来风声愈来愈紧，家人放心不下，决定叫妈去上海投靠亲戚家避避风头。听妈说，那段时间上门提亲的不知有多少，但妈惦记着父母不在身边，不敢自己做主，又一心仍想念书。那时有个表姑妈，人很好，表姑丈官做很大，随国民党来台湾，还带了好几个亲戚的女儿来念书，后来都过得不错，有在学校当老师的。妈也不知为什么阴错阳差，未能成为其中的一个幸运儿，反而是当上海不安全的时候，命运巨大的手掌又再度将她推往更南方，她来到了香港，投靠了更远房的亲戚，是张家。虽然家里很有钱，但能接待妈就算是人情了，当然不可能把她当大小姐侍候，就叫她当下女。妈那段日子可能不好过，她说有时想家，或是月经痛到腰直不起来，还是要强打起精神早做晚做。妈后来嫁给爸爸又是姓张，她有时实在做累了，还会咕哝着："这辈子怎么注定要给张家做牛做马？"

妈从16岁离家，就没再见过她父母一面。住在香港时，有一晚她做了一个噩梦，梦到她回家，在大堂里看到外公，但外公不知怎的在生她的气，脸背过去，硬是不正眼瞧她，妈一直哭求他，他还是头也不回……妈醒来时，发现自己真哭肿了眼。后来辗转听到外公去世的消息，妈算算日期，就是在做噩梦那段时间去世的，原来那是预兆她再也见不到外公的面。

妈是一直等到31岁才结婚，在那年代已算是老小姐了。想是家回不去了，等了15年，终于放弃了。

嫁给爸爸后，爸一直在做生意办厂，生意总是有风险，所以并不稳定。妈说像生大哥时，情况还不错，所以看大哥小时候一堆照片，还有彩色的！一看就是肥头大耳的福像，听说照片寄去奶粉公司参加比赛还拿到冠军。

生二哥时就生意不太顺，手头很紧，又碰上台风，家里又浸水，十分凄惨。生我的时候，从没人告诉我那时家境好不好，我只知道哥哥们婴儿时期，都有数张"个人照"，而我除了一张外，其它都是"团体照"。想必已是第四个小孩，早就没有"新鲜感"了（另有一个哥哥早年失散了，详见《渐冻人的启示》）。

后来不知为何，我1岁时就全家搬来台湾，爸工厂也迁来，继

母亲陶婧培，生于江苏阜宁。妈从小聪慧过人，学什么像什么，年轻时，人还说她长得像林黛。求知若渴的她，一心向往去城里念西式的学堂。大时代的浪潮，却让她来到香港，与父亲相识成亲后，辗转来到台湾。

父亲张炳坤，生于江苏高邮。创业有成，做过第一届台湾玩具同业公会理事长，不仅做玩具外销，还在台北市当时最繁华的博爱路上，开了一家专门针对儿童的百货公司，叫“孔雀行”，很多我的朋友小时候还去过呢！

26岁时的妈妈，看起来温柔婉约，但掩不住眉宇之间的一股刚毅之气。

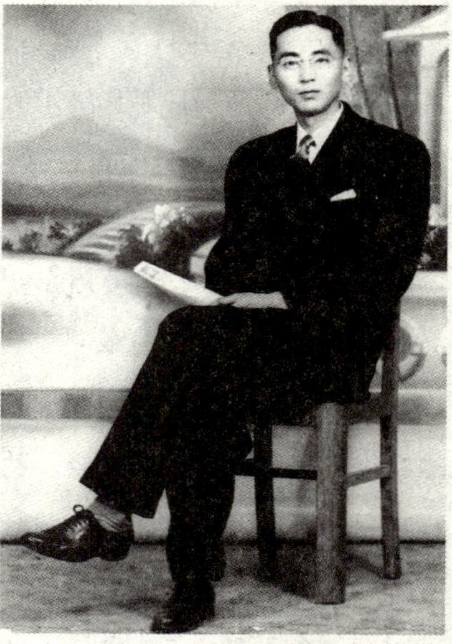

英姿勃发的父亲，在香港奠定他事业的基础。爸爸很有创意，套句现代的话，就是很有创业家精神。

爸妈结婚证，像不像电影明星（摄于香港）。

妈说生大哥时，家里情况还不错，所以看大哥小时候一堆照片，还有彩色的！

那时家境优渥，我一副小公主模样。

哥哥们相继上学后，我在家闲得发慌，一天到晚吵着妈要上学，结果妈真的送我去上幼稚园。

续做生意，妈继续过着相夫教子的日子。哥哥们相继上学后，我在家也闲得发慌，一天到晚吵着妈要上学。结果妈真的送我去上幼儿园，在那儿学什么已不记得，只记得每天要穿围兜兜制服，腰带绑后面那种，还要别一条手帕在胸前，老师说是用来擦鼻涕的。

小学一年级下学期，爸生意失败，妈还是很认分地照顾所有人，后来爸锒铛入狱，妈还常带我们去看他。桃园龟山，对当时的我仿佛离岛般遥远，因为我们是先坐公交车去板桥火车站换火车，晃到三个小孩全都睡得口水流一地时才到站，再转三轮车。每次唱到《火车快飞》这首歌，都会想到这段时光："火车快飞，火车快飞，穿过高山渡过小溪，一天要走几百里。快到家里，快到家里，妈妈正在等着你……"而彼端，却是爸爸在等我们。

妈每次都会带精心用慢火熬煮的鸡汤及一些卤菜去，汤放在一个圆筒型的保温容器内，上面叠着一盘菜。妈都会包得好好的，最下面放一层厚报纸垫着，万一汤汁倒出来还可以帮忙吸，塑料袋头上系结紧紧的，如此一来，里面的东西才不会东摇西晃。

但每次这些煮得色香味俱全、包得好好的汤和菜，到了那边，狱卒"哗"的一声全倒在一个铝盆里，看起来跟我们家洗脚盆长得很像，还用叉子搅和来去好几遍，问妈才知道是检查有没有暗藏什么协助逃狱的工具、伤人或自杀的武器。等他们搅和完后，看来已经让人一点胃口都没有了！

接着是在颇大的等候厅，偌大的一面墙壁上画着一幅岳飞母亲在他背上刻"精忠报国"的故事。直到今天，我还搞不清楚这跟"教化犯人"有何关系。

然后终于等到我们时，我们和爸爸来到会面的窗口，彼此都拿起听筒，妈妈会和爸爸讲些家常的事，我则盯着爸爸脸上渐增的皱纹看，最后，妈总是会把听筒交给我，叫我跟爸爸问好，爸爸也每次都叫我要乖乖听话，用功念书。会面时间多长已不记得了，大概约有个15分钟，然后踏上归途，又是一路摇晃回去，来回可能至少六个钟头吧！

妈就是这么认分，像来回龟山监狱的火车，虽然巅簸，却也规律而单调。一路走来，日复一日，年复一年，就这样，日子像似飞快的火车，我也从小学，念到中学、大学、研究所。

出国以后，有天打电话听到大哥说，妈去念补校了，我愣住了，念补校？妈近70岁了还去念补校？我从来不觉得妈没有学问

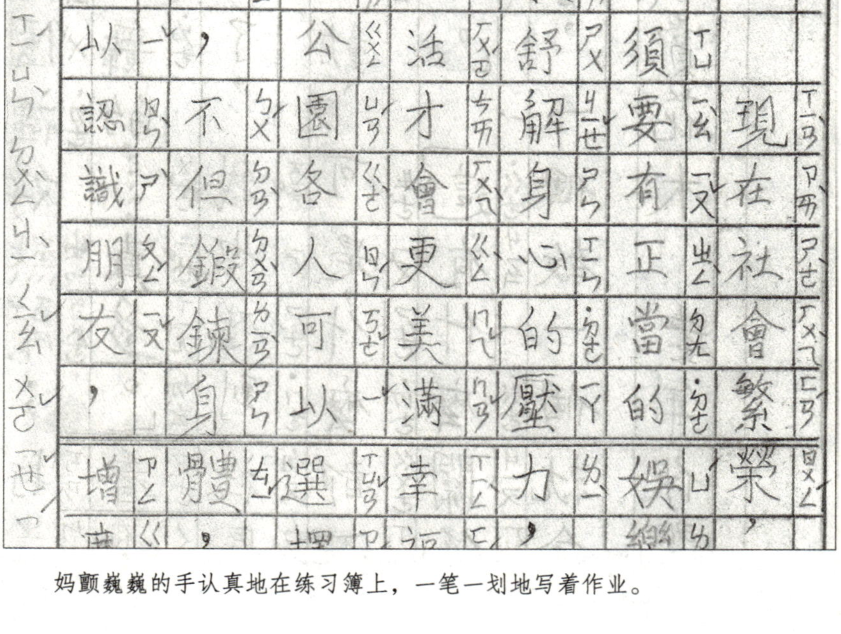

妈颤巍巍的手认真地在练习簿上，一笔一划地写着作业。

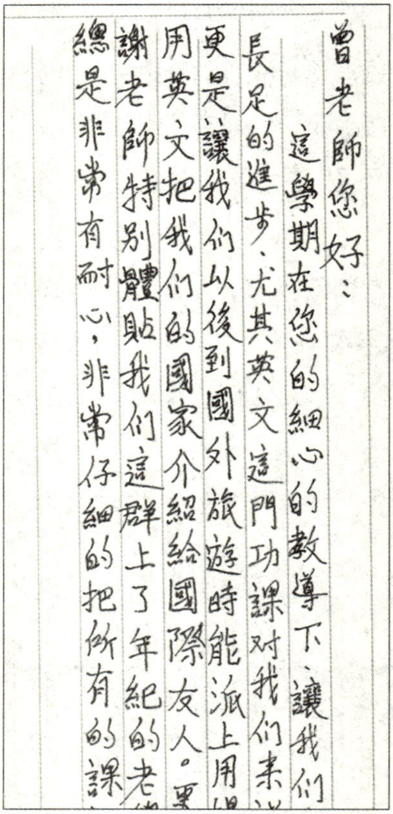
曾老師您好：
這學期在您的細心的教導下，讓我們
長足的進步，尤其英文這門功課对我們來
更是讓我們以後到國外旅遊時能派上用
用英文把我們的國家介紹給國際友人。要
謝老師特別體貼我們這群上了年紀的老
總是非常有耐心，非常仔細的把所有的課

妈写信给老师。

或是文盲，因为她念书写字都会，只是注音符号没学过。后来才想起这是妈小时候一直未实现的心愿，从小求知欲望很强的她，却连一张文凭也没有。

暑假回去看妈，妈颤巍巍的手认真地在练习簿上一笔一划地写着作业。上课也是风雨无阻，最后念了三年毕业，还得到教育局颁发的局长奖。我没能参加她的毕业典礼，但看她在照片中笑得好灿烂！

人生的戏码里，妈一直心甘情愿地当着配角，从来没有人问过她想要什么？想要做什么？然后陪她去做。事后回想，她是一直等到我念了研究所，觉得担子了了，才去追求她从小未完成的梦想。

很喜欢美声男伶（IL Divo）首张同名专辑《IL Divo》里面的一首歌《妈妈》（Mama），其中有一段歌词如下：

妈妈，感谢你造就今日的我

感谢你所有的教导，让我不致误入歧途

你给我的爱，牺牲奉献

我知道你有信仰

我知道你有梦想

很抱歉，直到现在才发现

（注：以上中文歌词摘译自美声男伶首张同名专辑《IL Divo》，博得曼股份有限公司〈BMG〉发行。）

礼多人不怪

我小时候有个绰号，是妈取的，叫“大家好”。每次我放学回家，都习惯扯着喉咙大声问候：“大家好！”所以妈后来也就习惯性笑眯着眼说：“‘大家好’回来了。”其实那时我们并不算大家庭，家中有爸妈、两个哥哥和我，五口人。爸做生意忙，早出晚归，大部分时间不在家，对三个人需要扯着喉咙干嘛？因为我们家是住家兼工厂，一百多坪，好大的院子，工人很多，小时候也搞不清楚有多少人，反正总有几十个人。

妈妈是个非常重视礼节的人，所以从小就叮咛我对人要有礼貌，“礼多人不怪！”所以我放学回家看到一屋子的人“族繁不及备载”（开玩笑的！），哪来得及一个个问候，只好用“大家好”来替代。

这还不算中我妈“多礼的毒”最深的例子。我小学同班同学常取笑我一个动作，就是我无论走进或走出教室都会鞠躬敬礼，走出来时还是用倒退的，面向教室里的学生老师致意才离开。养成习惯以后就成了“强迫行为”，即使教室里没有人，也照样行礼如仪。

妈妈还有一项多礼，就是对“贫下工农”特别有礼，标准的雪中送炭型。可惜她没留在大陆，不然就凭她服务广大工人不分阶级的热忱，就不知该赢得多少表扬好人好事的勋章。

此话怎讲呢？若是有一个陌生人跑来我家工厂看我妈，一定以为她是烧饭的欧巴桑，而不是老板娘。因为只见她忙里忙外，一会忙早点，一会午餐，夸张的是还有水果及下午的点心，而且一定是每天变换不同的花样菜色，今天是豆浆，明天就是稀饭。就连下午吃甜点都是一时之选：夏天有冰镇绿豆汤，大颗大颗的西瓜；冬天有红豆稀饭、面茶、咸汤圆，等等！我跟着口福不浅，时常大人吃两碗绿豆汤，我也抢着喝两碗，才幼儿园、小学的我吃得肚子都暴出来，圆蹭蹭的发亮。人说大锅饭好吃，果真如此，饭愈抢愈香！

后来不办厂了，妈还是“恶习不改”，只要是家里有人来帮忙，不管补纱窗纱门、修水管、补瓷砖，妈一律是高规格款待。先问对方吃饭没，不管对方说吃过没，只要是在正常三餐时间加减两个钟头内到或要走的，绝对有餐点奉上，当然饮料、香烟也是少不了的！有时我在旁边看着，年纪虽小，也看得出别人一脸错愕，完全不知道这欧巴桑葫芦里在卖什么药，而不知所措。倒是有些熟工人习惯了，有时还会吃不完“兜着走”。

我问妈，你已经给了工人工钱，干嘛还这么费事，像款待上宾呢？

妈说：“唉，你还小，不懂事，我们对他特别好，他心存感激，就把咱们的工做得特别好，不是很上算吗？”我却一向对妈的逻辑productivity＝f（good food）存疑，直到我自己当了“老板娘”。倒不是因为开公司或办厂，而是因为也是家里有些杂工、换新地板、换新厨具、换浴缸，等等。只要是我抽得出身的，我也一定会去买便当、饮料、矿泉水请工人吃，但我觉得我才不像妈那么夸张，妈可大都是亲手做呢！

虽然我自己也加了一些多礼routine（惯例），例如常搭出租车，觉得司机工作辛苦，可以用“某某先生”称呼请他到哪里，比“喂，去南京东路钱柜”好。而且我因为习惯成自然，在拉车门的一刹那即快速扫描司机证件，所以屁股还没坐下就会先说：“胡先生你好！”这种亲切又称名道姓的问好，显然也吓到很多运将，往往会有人惊恐地回头问说：“你认识我哦？”

直到有一天，我才了解到我“中毒”的还不止于此。

这次是我总算决定要换一套新厨具，本想赶在上任新工作之前，把这件事搞定。起先设计师也说可以赶赶看，等到约签了，钱缴了，当然问题就来了，说是鬼月积了很多装潢案都不能动工，现在都堆在一起。结果真正来安装那天，我已上任新职务，必须把部分工作带回家做，一边监工，结果一片混乱，仿佛灾难现场。当天我必须透过电话进行一个面谈，但晚饭时间到了。我已经叫菲佣帮忙工人一起买便当，买回来后要招呼他们先休息，吃了再继续做，结果发现连坐下来吃饭的地方都没有。我想这实在太失礼，连忙一个箭步上前，左耳和左肩膀夹住电话继续interview，一边用右手拨开重围，把挡在餐桌椅前面的几片层板拿掉，好腾出椅子给他们坐着吃。结果谁知单手一举起层板，比我想象重得多，它立刻滑出我的手，掉到地上，层板的顶部顺着我小腿的胫骨一路溜滑梯，直到咣哨一声平躺在地。设计师冲过来问我怎么回事，我说想搬椅子给工人坐下吃饭，她说这我们来就好了！我顺口就溜出一句话：“可是这样不礼貌！”Déjà Vu（似曾相识）！这不就是我妈的翻版吗？！

左胫骨上的伤，说也奇怪，明明只是表面刮伤，有些皮掀起来，血还是慢慢渗出的，看起来一点都不严重，自己当天洗完澡擦面速力达姆了事。第二天早上才想到层板运送过程可能沾污、才去打破伤风，医生也给了药。每天回家依照医嘱，上药吃药，就是不见起色，两个月都未痊愈。直到另外找个医生，才耐心解释是因胫骨只有皮和骨头，没什么血管，血液循环少，伤口当然慢好，淡疤更是至少半年。

如今半年已过，那道30公分的长疤还在腿上。

也不知是上帝觉得我年纪大了，不需要再穿短裙了，亦或是想要透过这种方式在我身上留下永恒的烙印——“极度对贫下工农多礼的族群”。

就像大战英雄身上的弹痕，一样是一种荣耀的象征吧？！

写生画板

“妈，明天我们学校要带我们去圆通寺写生，老师叫我们要带画板去。”一放学回家，我就迫不及待地跟妈说。

“画板？”妈边炒菜边犹豫地问我。

“对啊，就是可以把画纸垫在上面的板子啊！”

“哦！”妈松了一口气，“我待会帮你做一个。”

“妈，不要做啦！我要买一个！”

“买一个！为什么要这么浪费？偶尔才用一次，凑合凑合不就得了？”

“可是我今天下课陪同学去文具店买，他买了一个漂亮的天蓝色，有一个可以斜背的带子，板子正面有个大夹子可以把画纸固定，背面还有夹层可以放多余的图画纸，好棒好方便。可是我身上没有钱，所以没买。”我一向没有零用钱。

“是这样吗？吃完饭做完功课再说。”妈模棱两可地说。

正在津津有味地吃晚饭时，妈早早就下了桌，我也没多留意，因为妈一向有很多事要忙。吃完饭，立刻跑去做功课，我做得特别勤快，因为想早点做完去文具店买画板。

做完后蹦蹦跳跳跑去找妈：“妈，我做完了！”

“我也做完了！”妈抬头对我笑着说，眼底掩不住的倦意。她举起刚刚手工做的画板，是用公文信封包住爸爸破掉的档案夹，果然有个大夹子，妈用胶带细心地黏合每个角落，还找到嫌小的球鞋的鞋带，拼凑缝合出一个背带。我看了都快哭出来了，对我来说，这比起同学那个天蓝色的画板，实在是太丑了！

“妈，可是这好难看，又不够大，要放一整张图画纸耶！”

“我知道这比不上买的，但还是可以用啊！虽然不够大，可以先画一半，再画另一半。”妈总是穷则变，变则通。

此时的我已是满腹委屈，根本听不进妈的话：“不管，我就是要买！”我不知哪里来的牛脾气，硬是跟妈杠上了。

妈愣愣地望着我好半晌，仿佛看到了一个陌生人，过了好一会儿才悠悠地说：“走吧！”

我好高兴，赶紧拉着妈妈冲到文具店，深怕它已经打烊了。还好，赶到时，老板还在。我毫不犹豫地指着稍早同学买过、一模一样的天蓝色画板，说：“那个！”

老板说：“150！”

妈沉默地付了钱，沉默地带我走回家。

我兴高采烈地带簇新的画板去写生，回家后，就把它搁在一边，几乎没再碰过它。它慢慢褪色，也慢慢淡出我的记忆。

几年后我才知道，150块，是我们家好几天的菜钱！

多年后我才发现，妈一直把她亲手做的画板，放在她衣橱的角落。

更多年后我才了解，我当初那句“可是这好难看！”伤她有多深。

可是这些年来，妈对这件事，什么也没说……

100分早餐

念中学的时候，课业压力变大，我又是求好心切的人，每次考试都希望拿第一名及100分，也有好几次全科满分的纪录。犹记得小学有一次月考，适逢生病发烧感冒，但我不愿补考，硬着头皮去了，结果考了个第七名回来。我拿着成绩单一路哭回家，这辈子还没见过三名以外的成绩，觉得是奇耻大辱！

还有一次是上了中学以后，被编到升学班，老师很严格，用体罚是家常便饭。有一次月考，数学题目很难，全班兵败如山倒，一片满江红，一堆人不及格。老师发考卷时，先从分数最低、不及格的人开始打，差5分打一下，以此类推。我那次自忖考得还可以，应可幸免于难，就气定神闲地坐那儿等，等全班考卷都发完只剩我时，全班都用欣羡的眼神看着我，因为那表示我考了最高分，铁定不用被打。只见老师缓缓念出我的名字："张成秀，95分。"大家发出一声惊叹。我也蛮得意的，因为那次题目真的很难，于是抬头挺胸地上讲台拿考卷，没想到老师仍然拿起她"行刑"的工具，叫我伸出手。虽然满肚子的莫名奇妙，那年代可从来没想过反抗，乖乖就范。老师高高举起，居然是重重打下，火辣的刺痛从手掌沿着手臂传到大脑，这是我有史以来第一次被老师打。一向是所有老师心目中的乖学生，品学兼优，为什么被打？屈辱委屈的感觉溢满胸口，盈盈的泪水就要夺眶而出，老师悠悠说："张成秀，以你的程度，这次考题虽然难，应该还难不倒你，你错的那题是粗心错，本来应该考100分才对，所以打你是要你记得——千万不可以粗心大意！"我看一眼考卷，哇咧！老师是对的，还能说什么？从此以后，只要时间允许，都会检查一遍以上。

这些看在妈眼里，虽然心疼，却也没法帮我念书，只能在旁干着急也不是办法。于是妈左想右想，发挥她特有的创意，想到一招，就是"100分早餐"！小考除外（不然可是每天都有），每次不管是月考、期中考、期末考、段考、模拟考，妈都会一大早起来，替我做新鲜的100分早餐。

内容是什么呢？就是一根鸡腿加两颗蛋，一个1加00，不就是100分吗？妈还坚持不用油炸，说油吃多了会头昏，用卤的刚好。浓浓的五香八角，渗透到肉与蛋的每一寸，更别说光是那炖锅一早传来的香味，就会让前晚熬夜想赖床的我，都一咕噜地爬起来。

虽然现在想到还会流口水，当时可是"小小一扁舟（我的胃），载不动，许多愁"，我可是小蛮腰耶（好，安静，我承认现在不是），看到份量这么多，怎么吃呀？吃一颗蛋，不行，零分；吃两颗蛋，还是零分；大家都学过的，再多的零，没有一，都是白干。

那先吃根鸡腿吧！吃完就饱了，两眼瞪着盘中的两颗蛋，真是大眼瞪小眼，愈看愈不顺眼。妈呀，这这这，这怎么吃得完啊！

妈总是会慈眉善目地走来，说：“这是祝你考100分呀！乖，把它都吃掉。”

对妈来说，煮一桌菜让家人茶饱酒醉、齿颊留香是艺术，当然还要美美地摆个Pose，留个纪念咯！

妈这样说，我就接不下去了，只好乖乖就范。勉强又吞下一颗后，妈妈咪呀，实在是吃不下去了！却又想，那怎么成，1＋0＝10分，而且已经快被噎到，讲不出话了，无法呛声抗议（卤蛋的蛋黄最干，常会难以下咽）。妈后来教我一招吃卤蛋的方法，吃三四个都不成问题，就是拿个碗，把卤蛋在碗中搅碎，然后淋上卤汁，哇，好吃极了！让本来快噎死我的蛋黄，变成人间美味！

有时，100分的早餐是用蒸的，妈说蒸的鸡腿可以锁住营养，加上两颗妈拿手的麻油蒸蛋，也是一家蒸蛋万家香。吃的时候也是把麻油蛋在碗中搅碎，麻油要恰到好处，太多了嫌腻，太少了，蛋无法充分与麻油拌匀，嫌干就会难以下咽。

说起来简单，但要做到妈那种“入口即化”的卤味及火侯，是要好几个钟头的。妈可是当天早上做的，因为她常说广东人不吃隔夜饭（我妈在香港旅居多年），因为营养都跑掉了。那时觉得是无稽之谈，没想到现在越来越多营养学家支持妈的理论。加上后来也才知道，原来蛋白质是脑部运作最需要的营养，妈，您的先见之明，我常常是多年以后，才了解你的苦心及坚持。

不知是妈的100分早餐真的营养一级棒，是super food for the brain（给大脑的特级食品），还是妈用具体行动传给我她诚心的祝愿，给了我极大的“加持”，或是我自已迷信，有如大力水手吃了菠菜，Popeye the sailor man！吃了信心倍增的心理作用！反正从此以后，我每逢考试，只有八个字可以形容——势如破竹，所向披靡！

爱，征服一切

我家和水好像一直有不解之缘。俗话说水为财，若果真如此，我们家不知早该发到哪里了！

这几天都是如此，近中午就已天黑，空气中的水分子已饱和到快要爆炸，呼吸时好像鼻毛都会浸水，得多吸几口才有足够的氧气，心情跟着低沉，蚂蚁开始流窜进屋内。这是熟悉的味道与景象——山雨欲来风满楼，快下午后雷阵雨了。

以前，最怕午后雷阵雨，因为住在一个学校教职员宿舍时，房子和院子都比马路的路面及邻近的建筑矮了十几公分，水往低处流，总是没几分钟，就全“泡汤”。光是水就算了，因这种雷阵雨又急又快，往往会把整个小区的垃圾污秽全都冲刷到我们宿舍，易拉罐、塑料袋，应有尽有。妈真是命苦，本以为住到这儿可以享享清福，学校本来配有一个烧饭兼清洁的欧巴桑给宿舍，没想到过不久就取消了预算，因为那宿舍住的都是老兵残将，不，是职等不高又即将退休的人员，我妈就成了义工，所有公共区域的打扫、维护，都是她一手包办。淹水时，她就急忙把客厅和餐厅的家具、厨房的锅碗瓢盆，甚至连重得不得了的瓦斯桶都得垫高，又得赶快通水沟，让水退得快一点。

我那时已上大学了，出门上课前光涉水走到门口，双腿就已沾满了污泥与臭水，根本没法如此去学校。妈又想到妙招，真如弯弯所说：“爱，征服一切！”妈就打一盆干净水在门口外马路边，让我可以把脚冲干净，再穿袜子鞋子。虽然青春年华的我，常常觉得要在众目睽睽下穿鞋袜及忍受路人异样的眼光很不好受，但比起我妈，必须抢救所有的东西，还要收拾残局，我还有什么好抱怨的？

小时候家住在中和的积穗，大家都昵称是“积水”，因为逢雨必淹，从无例外。

中小学时，也没好到哪儿。那时家住在中和的积穗，光这地名就不好，大家都昵称是“积水”，因为逢雨必淹，从无例外。员山路是直的，连城路是横的，不知为何，连城路以南的员山路就低洼下去（就我家那段），比其它邻近路段地势都低，因为我家是“以厂为家”，非常大，光院子可能就有好几百坪，淹起水来非常壮观，说是“水乡泽国”也不为过。那时工厂的工人在抢救完机器及货品后，最大的娱乐就是去院子里抓蜗牛。蜗牛为了不被淹死，全都爬到围墙上，密密麻麻的布满了，没想到还是难逃一劫！他们就煮了一大锅，还会请我们吃，我可从来不敢尝试。

那时碰到雨天，就要穿雨鞋上学，但其实也没什么用，因为几乎每一次，水都会淹得比雨鞋高。所以到了学校大家脱雨鞋时，常会有很恐怖的事发生，青蛙、蝌蚪、小鱼不说，有时还有水蛇来作客！

对小孩子来说，其实是少年不识愁滋味的，每逢淹水，妈忙里忙外、搬上搬下，我们还是照玩不误。妈很有创意，我们还小的时候，就把我们放在水盆里，给我们锅铲，让我们玩划船；后来大一些，和哥哥在床上玩，我们仿佛在汪洋中的孤岛上，因为淹水通常会停电，就点了蜡烛，玩影子游戏——用手模仿出各种动物；我们也喜欢集邮，那时爸爸做外销生意，常有很多与国外往来的信件，所以我们有很多各种异国风情的邮票，有风景，有花鸟，把收集来的都摊在床上，还会互相交易或交换，有时不小心掉一两张到“海”里，还会大声呼唤妈来把邮票救起来。更令人兴奋的是吃泡面，因为淹水无法开伙！所以其实淹水都是累到妈，我们还是玩得不亦乐乎，留下不少欢乐的回忆。

由于长期淹水，不管是雷阵雨还是台风，都会在墙壁上留下水痕，有高有低，有时还引起热烈的讨论比较，像量小孩身高一样，惊呼：“哇！今年破纪录了！比去年高这么多！”

猛然回首，看到墙壁上的水痕，辉映着摇曳的烛影，一滴滴滚滚流下的烛泪背后，衬在妈逐渐苍老的脸上，闪着熠熠的微光，不知是汗水，还是泪水。

我喜欢“失业”的爸爸

说我妈妈的故事不能不讲我爸爸，因为我妈是个传统的女人，她的生活重心就是我爸爸。这个家，如果说我妈像推磨的驴子，我爸就是磨子的轴心。

很多人也许喜欢自己的爸爸飞黄腾达，事业有成，我却喜欢“失业”的爸爸。

小时候，当爸爸事业起飞那几年，他做玩具外销工厂愈做愈大，玩具模型愈开愈多。爸爸很像早期成功贸易商的代表，产品营销全世界，又成功地打开内销市场，在当时最繁华的博爱路开了一家“孔雀行”，专卖小孩高档玩具及服饰。虽然我常可以带最新最酷的玩具去学校向同学炫耀，但爸爸早出晚归，我们难得碰上一面。犹记得有一次，爸爸破天荒送我去上学，180公分的他牵着我的手，只记得我的手像吊单杠般扯得直直的，好酸，但他温暖的大手包着我的小手，觉得好有安全感，直到今天，我还记得这唯一的一次，弥足珍贵的一次，爸爸特地为我做一件事，与我单独相处！

我有很多男性朋友做了爸爸，却时常认为女儿当然跟妈妈比较亲，让太太陪她们就好了！殊不知，父女关系其实对女儿非常重要，且影响深远！我在美国查经班有个朋友，他说他固定每个月会分别带他两个女儿出去“约会”，带她们看电影、吃晚餐、聊天，而且一定会像一个绅士一样替她们开门、开关车门、拉椅子、拿外套，等等。“我要她们知道一个好男生应该如何照顾她们，对待她们，而且她们值得被如此对待！”What a concept!（多好的理念啊！）

（在此强烈推荐一个网站www.family.org，里面有很多给父母看的好文章。）

爸爸也曾给我另外一个“唯一”——唯一的体罚。有一次，难得家里来了一堆同学在院子玩，跳房子玩橡皮筋，打打闹闹好不热闹。我爸也难得在，正在睡午觉，可能是前晚应酬太晚的他疲惫过度，好不容易想借午睡恢复一下，没想到居然被我带着一群不识相的同学吵醒了。他气呼呼地从房里冲出来，不由分说就给了我一巴掌，当场鼻血汩汩爬在脸上。所有同学立刻傻眼，很快拔腿就跑，一哄而散，妈妈闻声立刻出来抢救我。

也不知是否是这个缘故，从此以后，流鼻血成了家常便饭。时常上课上到一半流鼻血，就必须头往后仰，靠在后面同学的桌上，还会有同学拿卫生纸沾水弄凉放在我额头，觉得颇受关照。或是因此就不必上体育课，反而乐得轻松。因为那时上体育课，一天到晚打躲避球，我在班上跑得慢，个子又小，常开打不到5分钟，就被球“砸”死，接下来在旁边当“壁花”45分钟。

然而，那一巴掌还是在我心头留下深深的烙印。

爸妈最爱带我到处吃喜酒。

小时候记得看过父亲和李国鼎的合照，觉得颇为骄傲——自己的父亲是个大人物。

其实爸爸事业顺遂的时候，我们的确也有一段欢乐时光，也许是旅居香港多年养成的习惯，他喜欢周末早上带我们去今日百货楼上（好像是9楼）有名的凤凰茶楼饮茶，有虾饺、烧卖，还有肠粉，真是人间美味。而且爸爸人面广、应酬多，喜帖当然也少不了，小时候常被他们带去喝喜酒，从小就吃这么好，难怪后来嘴巴很刁。但几年后，爸生意失败后，赋闲在家，反而让我看到爸爸的另外一面。

之前说过，爸爸其实是个很喜欢创造发明的人，做一件事，他总有不同的方法。小时候很喜欢吃橙子，妈妈每次都是切成六片给我们吃，爸爸却教我们一个新吃法。那时流行少棒，红叶少棒队赢得世界冠军，为台湾在全世界争光，爸爸也把橙子拿来当棒球，往墙上投球，反作用弹回时接球，又当投手又当捕手，我们这些小鬼纷纷起而效尤，上飘球、旋球、变化球，等等，玩得不亦乐乎。现在Wii非常风行，不论晴雨都可在客厅运动，玩网球、高尔夫球、棒球、保龄球，殊不知在那物资缺乏的年代，爸爸已经发明了这么好的室内运动，难怪后来两个哥哥都183公分，我也不矮。精彩的还在后头，当橙子被“蹂躏”得差不多的时候，爸爸教我们先在头部（有接蒂的部分）用水果刀开个小口，然后靠着嘴充分吸吮甜美“现榨”的橙子汁，之后用手把整个橙子剥开，吃掉果肉。不知是否是在充分运动之后很渴，总觉得“棒球橙子”比切成一片片好吃多了。

另外就是“冰镇冰糖腌蕃茄”，妈妈大多是拿蕃茄做菜，煮汤炒蛋，爸爸把冰糖用水煮融后放在冰箱一阵子后，把蕃茄切片浸在其中，冰镇起来，在夏天吃甜中略带酸，生津止渴，百吃不厌。

周末的早餐，爸爸也常去买现做的热呼呼馒头，回来后做炒蛋夹给我们吃。或是我们更爱的黑糖炸馒头，把馒头切片用油炸成金黄色，再盛一盘粗粒黑糖，吃时边沾边吃，趁热吃，又香又脆，非常过瘾。

我从来不知道，得意时又办厂又开百货公司又当玩具工会理事长的爸爸，在腌冰糖蕃茄或跟我们一起打棒球橙子时，是什么心情？我只知道，我们可以在饭店找到好吃的虾饺、烧卖及肠粉，而冰糖蕃茄与黑糖炸馒头，却成了绝响。

不知怎的，这么些年来，曾经试图过学做妈的拿手菜狮子头，爸爸的绝活却从来不想碰也不敢碰。它们成了记忆的图腾，尘封的禁忌。

爸爸很“爱国”

其实小时候看不出来爸爸很“爱国”，只知道他在忙事业，很少见上一面，讲不上什么话，当然无从知道他的政治取向或理念，但年纪稍长，回头看到台湾那时正逢经济起飞的关键年代，其中不乏像爸爸这种中小企业带头帮台湾挣外汇，把“Made in Taiwan”（台湾制造）在国际间打响，用贸易拼搏的人，所以，爸爸很“爱国”。

爸爸的玩具王国，在1970年代历经两次石油危机，原物料价格飞涨，入不敷出，大幅亏损而倒闭，还因此锒铛入狱。出狱后，心情很“郁卒”，曾经踌躇满志、神采飞扬的他，一直想东山再起，但昔日创业老友，早就树倒猢狲散；而当年资助他的金主，也看着早已白发苍苍、年届60的他说：“老大哥，省省吧，不如享享几年清福该多好。”那年代又没有创投，也没有银行中小企业融资，爸爸只好自己筹钱，但亲戚朋友好些早在头几年，爸爸事业苦撑需周转时帮过忙，旧债未清，现在当然也闪的闪，躲的躲。

还好，天无绝人之路，还有“爱国奖券”！爸爸开始买，而且是一买就连号好几张，这样才容易中。有一回我刚好在他身边，帮他挑了几张，居然中了奖。爸爸喜出望外，还请我吃我最喜欢的蛋塔。从此，我好像成了爸爸的希望所托，常带我跑去永和一家（忘了叫“福星”还是“财星”）奖券行，然后用渴盼的眼神看着我。我也不知道该怎么办，只好假装很认真、很严肃地屏气凝神，煞有介事的对一连串无意义的号码，品头论足、指指点点，但好运再也没有透过我找上爸爸。渐渐的，他也没带我这么勤快了！我好失望，我还为此埋怨过老天爷，但是后来看了《王牌天神》（Bruce Almighty），才知道为何上帝不能让人随便中奖券。但他还是每期买，连号买，大量地买，所以，爸爸很“爱国”。

1970年，爸爸担任台湾区玩具工业同业公会考察团团长，赴日参访。

爸爸的走，也很“爱国”。1975年，蒋公逝世，全台哀戚，政局不太稳定。12月初，美国总统福特到大陆访问，举台哗然，因为眼看中美关系正常化不远矣，会对台湾造成多大的影响及冲击没人晓得。

爸爸选择在某天早上上班的尖峰时间，在当时台北市最热闹繁华的中华路中华商场2栋3楼跳楼身亡，口袋里有一封遗书，内容是对不起妻小，忧心“国事”，决定用死谏抗议福特访大陆。

爸爸出事那天，后来还发生了什么事？警方如何找到我们的？妈没说，我也没问。我只知道那天晚上我在老师暖烘烘的家中补习，正和同学打打闹闹时，二哥一身湿淋淋出现在门口，说要带我回家。我从房间莫名其妙地走出来，二哥说："成秀，家里出事了。"说完闷着头转身就走，我赶紧收拾书包冲上前跟好。一路上又湿又冷，空中凝结成冻的沉默，冰封了我和二哥，像两条小鱼在深海渔船的渔获中，一路僵在透明冰块里，渡过千重山、万重水——这辈子最漫长的回家路。

丧礼过后，孤儿寡母还是要过日子，妈妈开始常要我写各种格式的申请表格及陈情书，有给大陆灾胞救济总会的，有给同乡会的，内容不外乎描述"爸爸用死谏来抗议福特访大陆，留下孤儿寡母，亟需善心人士相助"之类的话。我们家的生活费，除了靠妈妈的零工，这些资助也不无小补。

多年以后，有一次妈告诉我爸爸肝不好，可能以前做生意常应酬，酒喝多了，又熬夜的关系，我非常shocked（震惊），因为以前从未听人提起。妈接着说，爸爸出狱后病情好像加重了，常会告诉妈哪里痛，却从来不肯看医生，担心付不出医药费。最后妈说，她猜想爸爸后来决定走上那条路，可能是想自己已是六旬老翁，身体也不行了，反正早晚横竖要一死，不如选择一种方式，还可以帮我们留点后路。所以显然已经精心策划一段时间，找一个合适的timing（时机），结果被他等到了福特访大陆，于是他就成了"反共义士"。

我哑然——尔后，每逢看到新闻，有父母带小孩一家烧炭自杀，我都有股冲动想闯到阴间去跟他们理论："你难道不知道

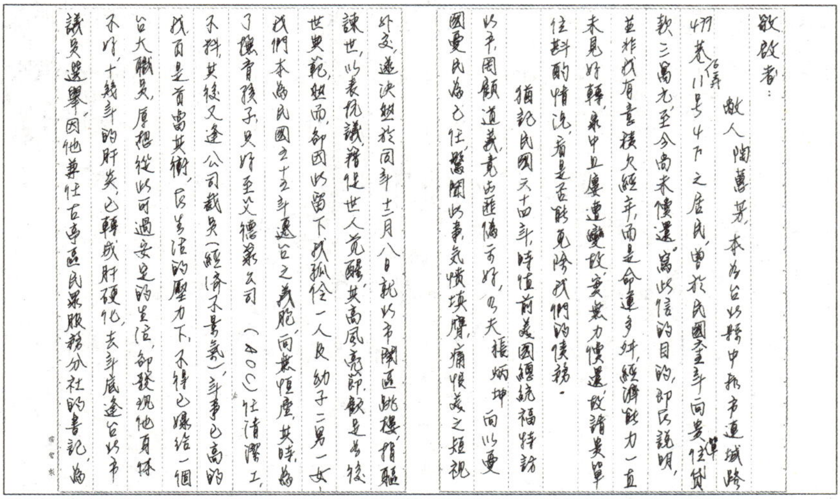
敬啟者：

敝人陶蕙芬，本為台北縣中和市連城路477巷11號4F之居民，曾於民國六十年向貴單位貸款三萬元，至今尚未償還。寫此信的目的，即是說明，並非我有意積欠，經年而是命運多舛，經濟能力一直未見好轉，家中且屢遭變故，實無力償還，故請貴單位斟酌情況，看是否能免除我們的債務。

猶記民國六十四年，時值前美國總統福特訪北平，罔顧道義竟與匪偽示好，乃夫張炳坤而以愛國愛民為己任，驚聞此事氣憤填膺，痛恨美之短視外交，遂決然於同年十二月八日赴北市關渡跳樓，捐軀諫世，以表抗議，藉促世人覺醒，其高風亮節，欽足為後世典範，然而，卻因此留下我孤伶一人及幼子二男一女，我們本為民國五十五年遷台之義胞，而無恆產，其時為了撫育孩子，只好至艾德蒙公司（ADC）任清潔工，不料，其後又逢公司裁員（經濟不景氣），年事已高的我自是首當其衝，在生活的壓力下，不得已嫁給一個台大職員，原想從此可過安定的生活，卻發現他身體不好，十幾年的肝炎，已轉成肝硬化，去年底逢台北市議員選舉，因他兼任古亭區民眾服務分社的書記，為

我帮妈妈写的陈情书。所以我从中学时期起，就锻炼了写“各种文体”的作文力。

‘留得青山在，不怕没柴烧’吗？你难道不知道，就算你想死，你儿女还有自己的路要走，你不替他们盘算盘算？”

其实，多年来，我是怨爸爸的。怨他忙生意，陪我们时间太少；怨他当初外遇，伤透了妈的心；怨他想不开，抛下我们孤苦伶仃……没想到，他是想开了，而他最后，也还是把我们放在心上。

常觉得自己当子女，一辈子努力想要父母亲以自己为荣，好辛苦。直到自己当了妈妈，才知道其实父母也渴望子女以自己为荣。

刚加入Google工作的时候，凡事起头难，不免工作非常辛苦，有时觉得很不忍心，陪女儿的时间比以前少很多。但有一次，她们学校自然科学要研究水质，还要去河流实地探勘，她回家兴奋地说，在学校我们用好多Google的产品，又用Search，又

用Google Earth！还有一次，女儿穿着Google一件我嫌小给她的T-shirt去上学，回家后眼睛发亮地跟我说，同学问她这T-shirt哪来的，她说，我妈在Google上班，他们都好羡慕。然后她抱住我说："Mom, I am so proud of you!"（妈妈，我太为你骄傲了！）我的心都快融化了。

爸爸，你活着时，我从来没对你说，现在，我真希望你天上有灵、地下有知，可以听见我说："爸爸，我爱你，I am so proud of you！"

你是我翼下的风

妈后来嫁给继父，住在一个大学职员宿舍的年久失修的大杂院里，院子里同住的有山东人、四川人、台湾人，口音南腔北调，仿佛小型联合国。我那时是青少年，已不会像以前一样多礼，还喊大家好；连别人跟我寒暄时，我都听不太懂对方到底在跟我说什么，就只好逃之夭夭。

校方有请一个烧饭阿姨，但妈还是“恶习不改”，主动帮大家加菜，手艺高下立判。她还时常帮忙打扫庭院，除杂草，种花，很快就取得大家信任，只是不知那位烧饭欧巴桑会不会觉得妈是来“踢馆”的？

住在那里，在妈的努力经营下，不但是宿舍内，连宿舍外的左邻右坊都很喜欢妈妈，因为妈会三不五时做个狮子头，端些过去给邻居尝，说妈是柔性外交，先抓住人家的胃就抓住了人家的心，果真屡试不爽。后来邻居与我妈熟了，又听说我功课不错，不仅找我当家教，还介绍别的家教机会，另一个也是妈透过一个阿姨来的。大学四年的家教，全都是透过妈的关系而来的，薪水往往是行情的两倍，羡煞不少同学，看来妈还是我的经纪人。

我当时都不觉得有什么，而且家教费用也常300、50地拿给妈添购些家庭用品，还买了个新冰箱，所以对于信手拈来的工作还觉得理所当然。如今回想，一样优秀的台大同学，很多还要跟家教社拆账，我实在幸运很多。

妈一路走来，都是尽心尽力地与邻里维系良好关系，还常讲我在学校的丰功伟业给他们听，让每个人看到我都夸赞我。以前不懂事，还会有点像电影《喜福会》（Joy Luck Club）里面那个Chess冠军，心里想说干嘛没事拿我来炫耀。但如今回首，才体悟到妈让我走到哪里都被肯定，都被尊敬，还愿意给我工作机会，不是很好吗？

与妈摄于台大毕业典礼。

大学四年的家教，全都是透过妈的关系来的，因为邻居与我妈相熟，又听说我功课不错，看来妈还是我的经纪人。

她替我做了这么多事，她自己也没闲着。虽然继父是公教人员，本应有稳定的收入，但前后被倒了好几个会，妈妈又施展出她穷则变、变则通的本领，找到带娃娃的工作，把人家的娃娃带得乖

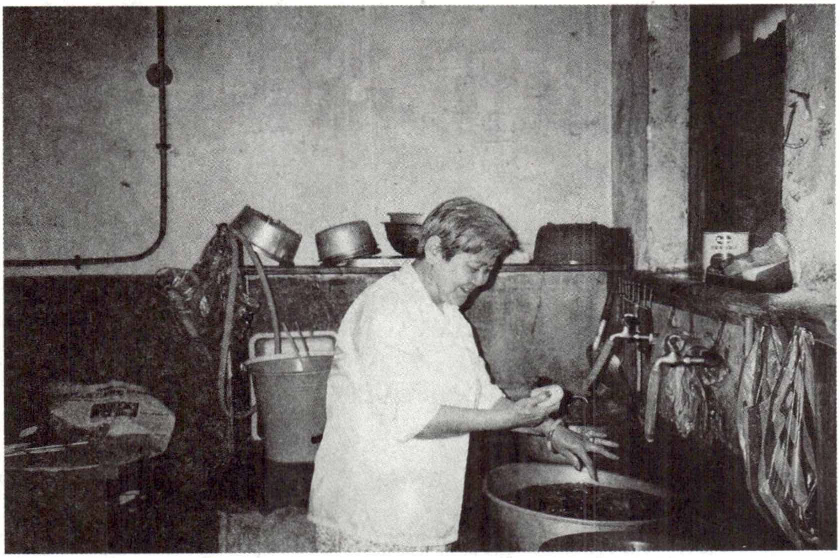

在日式老宅院里的妈妈，想到孩子可以吃到亲手炒的菜，就浑身是劲。

你听过家里也要吃尾牙的吗？在我们家，尾牙就要吃割包。妈说割包，就是钱包，越饱满表示来年越能赚大钱。

巧听话，又白白胖胖。但过不久，那家人要搬走，妈为了就近照顾家，没法跟着过去，只好另觅工作，找到在家附近一家生意好到不行的餐厅洗碗的工作。本来我们也没多想，妈也没多说，想说洗碗，妈不早就驾轻就熟？妈从以前办厂，家里一堆工人吃饭，妈为了替爸节省开销，没请烧饭婆，凡事自己来；后来生意失败，去电子工厂做清洁工，也帮别人带便当、洗碗；到学校宿舍也是食指浩繁，碗盘甚多，现在又要去洗更多人的碗。

说来惭愧，我念中学时，妈那时在电子公司上班，曾自告奋勇帮忙洗米煮饭及洗碗，但有一次洗碗时，因碗边有破口没注意，把虎口割破了，流了很多血，妈回来看到后舍不得，就叫我不要弄了！所以这些年都是她在忙。没想到“训练有素”的她，在那家餐厅简直被折磨得不成人形，那工作份量只能用电影《机器人历险记》中主角的爸爸来比拟，妈洗到手脱皮溃烂，十分凄惨！至此之后，妈好像就没有再接正职工作，她那时也已近60岁了！

妈为我做的一切，让我想起齐豫唱过的《翼下的风》（Wind beneath my wings），我在妈的羽翼下成长，让我可以尽情飞向天际，而你却承受着所有的风吹雨打。

谢谢你，妈妈，你是我翼下的风！

在我的身影下，一定很寒冷吧
阳光不曾照耀你的脸庞
你总是甘心让我闪耀，那是你的风格
你总是走在我身后
所以，是我独享所有的荣耀

而你却背负了所有的疲惫

美丽的脸庞，却甘于没没无闻

甜美的笑容，掩饰了痛苦

你可知你是我心目中的英雄?

是我想要学习的一切?

如今，我可以飞得比苍鹰更高

因为，你是我翼下的风

（注：以上摘译自经典西洋老歌《翼下的风》。）

庆　生

今天是我生日，回想小时候，每逢此时，一定是吵着要妈买礼物，妈总会严正地告诉我：“生日是母难日！”她会用软软的乡音说：“从前人在这天要斋戒沐浴，不吃不喝，躺在床上一整天，纪念母亲在生产时所受的苦，而不是给小孩子庆祝的。”

以前都会觉得妈不通情理，直到自己也当了妈妈，生了小孩，才稍稍体会妈的意思。记得那时怀孕快满期，对生产毫无经验的我，难免忐忑不安，好奇地问一个同学生产到底是痛到什么程度？她回答说：“就是痛到想干脆一头撞死算了。”我瞪着她，想说你这么诚实干嘛？不是摆明了要吓我！她又接着说：“古今中外，几十亿、几百亿的女人都熬过来了，你怕什么？”

才怪，我们是幸运生在这个时代，君不见自古有多少女人是死于难产？我很喜欢看电影，有两部影片中的难产让我印象深刻，一是洋片《红色小提琴》（The Red Violin）；另一部是张艺谋的《活着》。《红色小提琴》演员有山缪·杰克森（Samuel Jackson）及张艾嘉，是讲到一个怀孕的女人，一直被一股无名的恐惧所困扰，于是找了年长的管家来算塔罗牌，结果抽到一张“死”牌（Death），果然死于难产。他先生是个做小提琴的著名工匠，本来费尽心思要做一把名琴献给头胎的小孩儿作为祝福，没想到爱妻因此而死，悲愤之余，把他对妻子最深的思念，和着亡妻的血，涂在小提琴上，那小提琴仿佛有了魔力，展开一段跨越时空的离奇旅程。《活着》里有一段描述“文革”期间，红卫兵到处造反批斗，搞得医院连合格的医生都没有，全都被抓去游街或关牛棚了，害得那个哑巴女儿血流成河，死在产台上。难怪以前都说女人生孩子，就跟过鬼门关一样！

轮到我临盆时，真是感到全身要被撕裂似的，连骨头好像都快被挤断了，还好老公很体贴，跟我一起上拉梅兹（一种分娩呼吸法），还很认真详细地做笔记。在我痛不欲生的时候，他看着痛苦指数的仪器，在身旁提醒我此时该做深而长的呼吸还是短而浅的，

妈妈的66岁生日。虽然我们长大了，但我们总是妈眼中的小孩，妈的架势还是一副天塌下来有我顶的模样！

让我可以从痛苦中转移注意力，专注在呼吸。结果，身旁不断听到别人鬼哭神号，不是，是大呼小叫，我一声都没吭，后来连我公公都盛赞我好勇敢。感谢上帝，让我顺产。

也感谢我妈，居然能把我生下来。那时爸妈在香港，爸爸的事业还不稳定，又已经生了三个儿子，虽然送走一个，负担还是不轻，所以又怀我时，就吃药想把我打掉，妈说她还吃了加倍的剂量，想一举成功地把我送回“注生娘娘”那儿去重新排队，居然没打掉。那时，妈就想：要是有女儿该多好，就在墙上贴满了七仙女的图片，没想到真的是女儿。小时候听到这个故事，先是生气——哼！居然不想要我！但继而想到我是仙女下凡，又高兴得手舞足蹈起来！（不好意思，又往自己脸上贴金）。

今天是我生日，谢绝应酬，闭关在家，写文章纪念我的母亲。妈，这辈子我是注定要来做你女儿的！

做你自己

我曾经说过，我妈一直是我的角色典范，但其实，我一直自觉或不自觉地想要避免重蹈她的覆辙。我想像她的，只有一部分，像她的有礼、真诚、开朗、坚毅、慈祥、平等待人，但我不想像她一样当家庭主妇。

我为什么长大后不要像我妈？是制约反应吗？（每次响铃就给狗吃饭，以后铃一响，狗就流口水；或是每次一闪红灯就电击狗，以后红灯一闪，狗就心跳呼吸急促，此即20世纪初期俄国科学家巴浦洛夫知名的“制约理论”）还是潜意识想替我妈做角色补偿？

其实我也曾经当了两年全职的家庭主妇，虽然有些部分我很喜欢，我也必须承认有些地方简直令我抓狂！家庭主妇虽然看起来很轻松，其实不然，因为你在家，不做事就会很有罪恶感，因为另一半要辛苦上班赚钱，家里大小杂事当然就该一手包办啦！接送小孩、买菜、煮饭就算了，最令人受不了的是生活圈变得很狭隘，只能和别的妈妈聊天，聊先生、聊小孩，我不是不爱谈他们，但一天到晚谈就快发疯了！

还记得在美国当家庭主妇的时候，办过几次派对，有一次是办邻里派对，就是请左右邻居来家里吃。我们家那条巷子，几乎全是台湾来的，可说是台湾村。结果吃饭时，大家拿了饭菜后，就很自然地男生女生各坐一桌，我只好乖乖地端去女生那桌。刚开始还聚精会神，利用我主动聆听的技巧，边听边问，但过不久后，我就开始意识涣散、精神恍惚，因为后来他们都在讲珠宝，大家手上立刻比来比去。说也奇怪，我从小到大都不太好此道，我天生就不喜欢奢侈品，大概是因家境清贫，早就训练自己目不斜视的结果。另一方面，我耳朵会竖起来，听听男生那桌在讲什么，结果发现他们在讨论的4G、3G，正是我最感兴趣的领域之一，我不由自主地移动脚步过去加入热烈的讨论："到底WiMAX何时会起飞？"

这到底是为什么呢？是因为当学生时代，中了孔夫子的毒太深，才会"君子远庖厨"吗？这当然有影响，但我觉得最重要的，还是因为看到我妈虽然尽心尽力地做个家庭主妇，却是好心没好报。我是那只看到红灯就仿佛被电击的狗。

还记得小时候，她三餐都煮新鲜的给我们吃，因为在香港旅居十几年的她，曾在一个远房有钱亲戚家当帮佣，见识过有钱人家的养生哲学，不要说隔顿剩菜不吃，就连现煮出来但凉了（不冒烟了）也不吃！所以我们虽是穷人家，但妈"严以律己、宽以待人"地拿有钱人家的"高规格"来"款待"我们，剩菜都是她自己解决。

我妈手艺又好，之前就讲过她的一些拿手菜，我们是吃得津

属虎的妈，见虎即虎虎生威，怀抱着“大猫咪”。

津有味；但爸爸早出晚归，几乎从来不会和我们一起吃晚饭的，妈总会把上好的一部分先预留起来，等爸爸半夜回来时再热给他吃。之前讲过，妈是连早餐都是现做的，为着赶上我们上学的时间，往往早上四五点就爬起来做早饭，晚上还硬撑着，在客厅看电视打瞌睡，等爸爸回来热菜热饭给他吃。但爸爸常不吃，说是在外面吃过宵夜，有时身上还有酒味。爸爸因为做生意，而且颇成功，所以应酬好像是理所当然。日子久了就变本加厉，有时回家不知是不是发酒疯，不吃便罢，还跟妈发脾气，有次甚至把妈辛苦热好的饭菜往她脸上砸，汤汁砸到墙上，流下的汁液仿佛泪痕斑斑。

小时候，也不记得几岁了，有一段记忆特别幽微晦暗。只记得昏黑的夜，时常被妈的啜泣声吵醒；或是躺在妈身旁，瞥见她脸上若隐若现的汩汩小河；甚至有几次，妈忍不住对我咕哝着爸爸真忘恩负义。那时的我，懵懵懂懂好像知道怎么回事，又不十分确切，只知道这是something negative（坏事）。后来暗恋班上一个男生，他却喜欢另一个女生，我还气嘟嘟地跟我的好友抱怨："哼！某某人真忘恩负义。"只见她傻呼呼地望着我，问："什么是忘恩负义啊？"我还理直气壮地说："就是一个女生喜欢一个男生，但那男生不喜欢她呀！"

爸爸生意失败后，妈还常自责，说后悔当初没有学做生意，当财务、会计，光在家煮饭、看孩子，不然也许可以帮爸爸渡过难关。

后来长大较懂事后，才听一个阿姨说爸爸在外面把女人肚子搞大，妈还要替他善后，带去堕胎。可是我妈这样忍气吞声换到的，又是什么呢？

百变妈咪一枝花。

我有时候会想，妈这一辈子含辛茹苦，从来没欺负过人，为何晚景如此凄凉，被车撞成植物人，真是天道宁论？！

《圣经》"十诫"中有一条是"不可杀人"，而堕胎的确是用人为方式让一条生命提早结束。虽然有赞成堕胎者认为在胚胎时期，不算一个人，所以堕胎是OK的，但谁有把握，又有这个权力说，自己有资格去决定另一个生

命，何时才开始算做一个人呢？（关于《圣经》的“十诫”，详见《出埃及记》20章20节）

所以有时不禁纳闷，这是否是神给妈的一个consequence（结果）呢？我不想用“报应”这两个字，因为对妈来说，太沉重了。《圣经》是用consequence或fruit来说明，我们做事是会有consequence的。就像中国人也说，种什么就收什么，这也是大自然律的一种。就像把手中的笔一松，笔会掉到地上一样——重力是无可避免也可以预测的。有大自然律，像重力、反作用力，天下才不会大乱，人也是如此。

其实妈是重生受洗的基督徒，她认罪悔改，接受耶稣做她个人的救主，上帝已经宽恕了她的过犯，洗净她一切的不义，接纳她做神的儿女，但这并不表示就没有consequence。所以我常劝年轻朋友，千万不要把男女关系或堕胎当成儿戏，homicide or murder is no play at all!（杀人可非儿戏！）

元宵节与万圣节

元宵刚过，除了照例记得煮汤圆给家人吃外，真是“节”味索然。问女儿要不要去逛花灯，她皱眉摇头。有时想想，物资充裕、得来太容易的这一代，实在也很可怜，人说“no pain, no gain.”（一分耕耘，一分收获），我说“no toil, no thrill”（<没有辛苦,没有快乐>哇，又有alliteration押首韵，又有rhyme押尾韵！果然外文系硬底子，宝刀未老！）

小时候，元宵节可是大事！元宵不能不吃不说，灯笼更不可不提。（妈说不吃不长1岁，我说不是初一刚过，才刚长1岁吗？怎么一个月内要我长两岁，那不是揠苗助长吗？）

别人有钱买灯笼，咱们没钱也不怕，我们有克宁奶粉！啥？奶粉的空罐子！之前没讲完嘛！妈妈的巧手用铁钉铁锤在上面敲出很多洞，而且有个窍门让敲的过程不会过度凹陷或是变形。就是先把奶粉空罐内装满水，放在冰库整个结冻再敲打花纹，还会排出一些图型、花案，里面点上蜡烛，细心的妈还会先熔一小块在罐底来固定蜡烛。每次我一出场，一定引起轰动，别人的纸灯笼，不是不小心烧着了（底部的小铁杓很短，吃不住，蜡烛一歪，被晃呀晃就烧着了；不然就是大风一吹就熄了），到最后大家不是跟我借点火，就是干脆借我的来提过过瘾，跩得很。是妈，让我走路有风。

可惜往往妈巧手，女儿就会互补——拙手。我在美国时，一年一度万圣节，家家户户喜洋洋？不！是鬼鬼祟祟。很多大人准备利用trick or treat（“不给糖就捣蛋”的游戏）反过来捉弄小孩，在门前走廊布置蜘蛛网、流血的断手，或是motion sensor activated（运动的传感器）的尖叫声，常真的把人吓得魂飞魄散。

每家巧思不同，可有一个是共通的，就是都要摆几颗南瓜灯（Jack-o-lantern）应应景，所以我老是把万圣节与元宵节联想在一起。

全家刚移民美国那年，自然想入境问俗，摩拳擦掌准备好道具和南瓜，就要开干了。我是实干型，喜欢做中学，不喜欢看“使用手册”，所以把头切掉后就傻眼了，这肚子里怎么这么乱七八糟的？稀里胡涂的一堆丝及种籽！只好发挥我蛮干的精神，拼命想把中间的“五脏六腑”都挖干净，把“肉”也挖掉，再在外壳上雕花，搞得我满头大汗。女儿在一旁看得目瞪口呆，而且生南瓜还有一股怪味，I thought I had pretty much ruined my daughter's appetite for pumpkin for the rest of her life!（我想我在很大程度上毁了我女儿余生中对南瓜的食欲）难怪她后来都不爱吃南瓜派。

还好，本来在旁边想帮忙但被我制止后一直保持沉默的妈妈，从我疲惫下垂的手中接过那把“血淋淋”的刀，开始弄第二颗。只见妈妈切了头，直接在外壳上雕花，结果不到20分钟就完成了。女儿看了几乎是破涕为笑，争强好胜的我还一直嘟哝着这

妈妈、婆婆与女儿，欢庆万圣节。

样可能不对，肉不挖掉，这么多在里面不是会烂、会臭吗？妈也只抿抿嘴不争辩，开开心心地和我们晚上在车库门口点灯。只见我那颗才一个下午就萎靡不振，快站不起来了，妈就像诸葛亮，拼命想帮助扶不起的阿斗一样，小心翼翼地帮我的灯还找了个角度撑了起来。接下来几天，我那颗很快发臭长霉点。

妈做的撑了一个月之久。

我狐疑地问她："你以前有做过南瓜灯吗？"

她轻描淡写地说："没有啊！"

"那你怎么知道不用把肉挖出来？"

"我就看一看，想一想啊！"

当场为之气结语塞！唯一令我欣慰的是，我女儿是我的互补，所以负负得正。YES！

随遇而安

妈爱干净，很爱洗澡，以前夏天天气热时，她可以一天洗个两三次，只要身上有点黏黏的，她就会冲凉。她更爱泡澡，因为长年关节痛及僵硬老化，泡完后血液循环变好，关节变柔软，也不那么痛了。

记得很小的时候，爸爸办厂，我们家以厂为家，家里一大堆工人进进出出，环境非常嘈杂。浴室只有四面墙壁，没有顶盖，有时上厕所还有工人爬到墙顶偷看，连上小号都不安稳，更遑论舒服地洗澡了，都跟打仗一样。

后来爸生意失败，曾住过一段时间的仓库，我后来戏称它是“四行仓库”——名符其实的“家徒四壁”。一间大通铺，不要说浴室了，餐厅、客厅、卧房全在一起，洗澡就在仓库后方，背对马路的那一面，有个水龙头，接个塑料管，直接在露天冲凉。后来在台北县搬来搬去，算是有正常的浴室，却不曾有“安家落户”的感觉。

在高中时，妈妈因为年纪大了，身体又不好，已无法像以前一样靠清扫厕所赚钱，只好改嫁。继父是某大学的职员，经济条件也不是顶好，住在学校宿舍里，而且是好几户共居的“大杂院”。我还记得那是“非常年迈”的木造房子，两层楼，我们住二楼，连楼梯都有好几阶木板是断裂的，必须要跨过去。我的房间地板上也有一个大洞，用纸板遮住。洗澡也没有热水器，得用厨房的瓦斯炉烧两壶放在大盆子里和冷水，用水勺舀来洗。在冬天水冷得很快，必须动作快一点，但往往还是冷得直打哆嗦。妈发挥她一贯的创新精神，想到一个法子，就是除了两壶热水先加进大盆子以外，还准备一个热水瓶带进浴室，等水快凉时，再加这热水瓶的水，总算解决了问题。所以光是洗澡，就要摆出这么大的阵仗。洗头也很麻烦，因为有一只手要舀水，只有另一只手可以抓头，手很酸。

后来搬到另一个学校宿舍，也是大杂院，好处是终于有大的热水锅炉，我跟妈欣喜不已，但很快就失望了。原来那水不仅会忽冷忽热，而且虽有三间，但你洗时，只要另一间也有人开始洗，你的水就会变冷，或是变得很小。冬天洗澡，常洗到一半，就有人加入，那时浑身是肥皂，也不能夺门而出、逃之夭夭，还得硬着头皮洗完，只能暗自叫苦，真是“点滴在心头”、常边洗边祈祷别人不要洗，后来学乖了，挑“非尖峰时段”洗，人少，如一大早，或刚吃完晚饭，或等到午夜。

在这样的环境下，连一个舒服的淋浴都难得，泡澡当然就甭提了，但妈还是发挥她克服困难的决心与毅力，不知道在哪里捡破烂，找到一个大铝盆，充当泡澡的澡缸。我那时出差或出去玩，最巴望享受的，就是洗个舒服的澡。所以直到现在已成了习惯，每次入住饭店，都会很白目地问柜台：“你们淋浴的水龙头水大不大？”常引起别人侧目。

每次用这些经历来告诉我女儿要惜福，她都瞪大眼睛不解地望着我，好像我在讲伊索寓言或天方夜谭。

后来结婚后，租房住在一个“国宅”，虽称不上豪华，但对我总算是“脱离苦海”——有现代化的淋浴设备了。但妈仍住在宿舍，所以每次带妈妈出去旅游，若是有住宿的，她总是会找出时间来一天泡两次，早晚各一次，即使是参加典型的“上车睡觉，下车尿尿”的台湾团，行程赶到不行，每天早上6点集合，妈还是会5点起来泡澡。

后来我搬到美国，因工作关系，有时会回台湾出差，公司通常会让我们住五星级饭店，我想到可以邀妈妈同住，即使是短短几天也好。她果然很开心，也是一天泡两次，早晚各一次。但我承认那时有时还会抱怨，因为时差睡不好，又一早在睡梦中就听到浴室的水声，还嫌妈扰人清梦，实在是不懂事。

风檐展书读，古“厝”照颜色——这就是我们的家。

然而妈车祸出院后，在寻访考虑赡养院及护理之家时，发现每一家都是一个礼拜才洗两次澡，因为对全身瘫痪的人而言，洗澡的确变成一件大工程。我曾经帮忙洗过几次，满头大汗不说，还浑身湿答答。幸好找到一家“五星级收费水平”的，有提供自费的泡澡设备，可以自己多洗几次。这家设备完善，它们有一种有滚轮的担架床，可以把妈平移过去，然后推到浴室。若是泡澡就要动用一个像起重机一样的吊床，把妈慢慢放到水池中，澡缸中还有水疗的喷水孔。

有个周四晚去看妈，发现她一直在抓头，边抓还边皱眉头，猜想她一定是头痒，也帮忙抓，没想到发现妈头皮好油，纳闷着今天不是洗澡的日子吗？怎么那么油？好像几天没洗一样。一问之下，果然那天没洗，因为那天有伤口可能要拆线，所以没洗。

想到妈从小逃难，辗转流离，居住的环境都不是很理想，连对很多人早就是家常便饭、理所当然的洗个热水澡，对她都是一种奢侈的享受。现在，虽然有五星级的设备，却不能自主地想洗就洗，不免心酸，为何我早没想到帮她改善呢？现在唯一能做的，就是不管去哪里旅游，都会买各种泡汤的产品给妈。

妈，希望你喜欢。

第二部

即使微小，仍是光

压伤的芦苇，它不折断。将残的灯火，它不吹灭。光，即使微小，仍旧是黑暗中希望之所系。

我们该如何对待付出一生心血照顾我们的上一代？那扶着我们跨出人生第一步的父母，当他们行动不便，需要我们回过头搀扶着他们，跨着人生来日无多的步伐时，他们曾有的欣喜，对照的，是我们的不忍还是不耐？

哪一天，可以让我们的长辈，即使在“三管齐下”坐轮椅的时候，仍然可以有尊严地逛街，而不会让小朋友吓哭，让路人皱眉掩鼻，自己照镜子不会瞥头不忍卒睹镜中的尊容，而会对路人咧嘴微笑？

哪一天？

意外的磨难

妈到底怎么出车祸的，至今仍是个谜。

在2003年4月5日早上，妈一如往常，很早出门（老人家睡不好，都四五点就起来了），她的好习惯就是会早上洗个澡，把自己弄得干干净净才出门。那天是周六，妈妈出门时还不到8点，她走到泰顺街、和平东路一段口的便利商店，买了她喜欢喝的牛奶当早餐……我怎么知道？又不是她肚子里的蛔虫。因为我找到她在现场被撞倒后留在地上的黑包包，里面有一张发票，很清楚她在7-11（便利店）几点几分，买了什么，所以看得出车祸前发生什么事。

然后她就沿着和平东路一段走回我们家巷口：248巷，走到公车站牌那儿。令人纳闷的是，她在等公交车，为何又要穿越马路呢？

车祸发生后，警察赶到现场时，肇事者并未逃逸，乖乖地做了笔录，他供称在和平东路上由西向东行驶，"突然"看见一名老妇人穿越马路，因煞车不及就撞上了！等我从美国赶回来时，现场早就清理干净，只好到处问。问警察局，在车祸肇事鉴定委员会看到了一些档案照片，在第二车道（由人行道往马路中间数，先是第一车道，然后第二，以此类推），地面的确有一道长长的刮痕，警察说是机车试图煞车不及的轨迹。而妈随身带的一些物品，也散落在附近，有她的黑包包、未喝完的牛奶及雨伞，我问我妈当天穿的衣服呢？哥哥说急救时抢时间，剪破后就丢了。

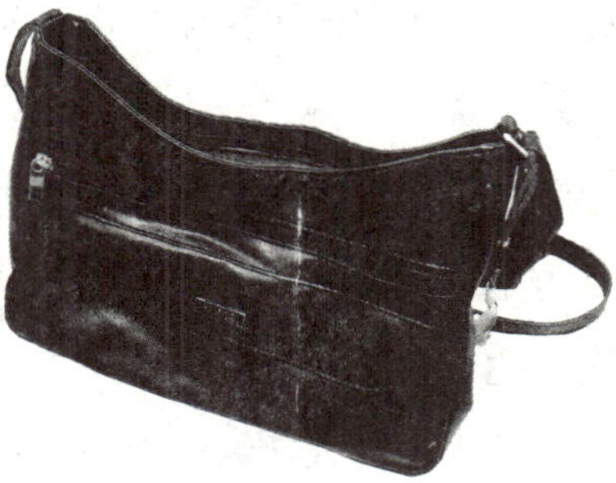
这是妈出事当天所背的皮包，睹物思人，每每让我泫然欲泣。

我有点失望，本来想发挥CSI或“3·19”枪击案李昌钰办案精神查个水落石出的，但几经奔波，仍无法找到进一步线索。刚从美国回来和肇事者见面时，他还提供了一个目击者的电话，我打过去是一个操台语腔中年女子的声音。她说她早上在和平东路一段248巷巷口的公车站牌等公交车，看到我妈穿越马路被摩托车撞，看到撞得蛮惨的，所以她立刻叫住肇事者，叫他不要走，一边立刻拨电话报警，警察一来，她就走了，因为她说不想多事，不想做笔录。肇事者则说，警察先到现场勘察后救护车才到。这之间还有个《苹果日报》记者来，问了些问题也拍了照，就走了，但未留下任何联络信息。

我打电话给该报社，也问不出什么所以然，后来想请那个目击者出面帮忙做证，也联络不到人了。我也听说现场附近可能会有为了安全设置的录像机，所以也联络到该管区的派出所及里长，结果他们告知我那个角落并未架设。我跑到现场附近，沿着和平东路拜访了商家，大家都说没看到，因为周六早上8点多，大部分商店尚未开门，加上又是清明节，很多店那天根本休息。好不容易边走边问，找到附近一个大楼管理员，他说他知道那天发生车祸，他正在一楼警卫室，突然听到轰然巨响，就跑出来看，但因为距离较远（这大楼较近新生南路），只看到一片混乱，他不能擅离职守，也就不知详情了！

我只好做了几张海报，贴在车祸现场的公车站牌上及人行道旁边的围墙上，恳请若有目击者，请尽速与我联络，但一样石沉大海。

至今我仍纳闷，这件事到底怎么发生的。跟二哥聊过（那时二哥与妈同住），妈每周有时去公保拿药，有时去做推拿。如果是去公保拿药，应该是到马路对面坐车没错，但那天是清明节，又是周六，公保大楼有开吗？而且就算是去那儿，妈买牛奶当早餐的便利商店正对面，就是有红绿灯的斑马线，直接过就好，干嘛要折回我们家巷口，在我们家巷口前的公车站牌处穿越马路？而且我勘察过现场，要在那里穿越马路还很不方便，因为中间分隔岛是架高的，还有路树，以妈的年迈膝盖，走楼梯都不方便，干嘛放着一个顺路的平面斑马线不过，折回来穿越马路，还要吃力地爬上爬下安全岛？而且如前所述，公保在清明节那天又是周六，很可能并没有开。二哥也告诉我，妈习惯性是周六早上去做推拿，看了地址，那应该是坐顺向的公交车才对啊？也就是说，妈妈根本不用过马路，直接在248巷巷口搭车就行了！这才合理解释了妈为何买了牛奶又折回我们家巷口。那为何肇事痕迹都在第二车道附近？

妈车祸后气切，已经不能讲话，我也只能无语问苍天。我目前唯一能想到的一个比较合理的解释，就是我妈左等公交车不来、右等公交车不来（周六早上离峰时间，可能会很久才来一班），可能前方靠路边又有车停着挡住视线，看不到公交车来否，所以妈就走下人行道。望眼欲穿的她正望着，结果望来了一场飞来横祸……

梦　兆

曾经看过丹佐·华盛顿（Denzel Washington）演的《时空线索》（Déjà Vu），它虽然不算是部好电影，剧情不太合理，但一眼看到片名Déjà Vu，就让我想要看它。

不知为何，我时常有Déjà Vu（似曾相识）的感觉。常觉得在某个地方，正跟某人说话时，突然心神感应，完全知道对方下一句话要说什么、做什么，仿佛电影倒带or relive the same moment（重温那同一时刻）。有时看一些科普的书，读到虫洞（worm hole），提到时光机器的可能性，提到这宇宙可能有十五六次元空间，而非我们经验感应能体会的四度（长宽高＝三度的空间+时间），所以很可能有平行的你我在另一个时空活着，偶尔会交错。此时此刻，搞不好另一个你正在向左走，而这个当下，你所认知得到的你正在向右走。但这又如何解释Deja Vu呢？或是曾经梦过的事，在真实人生中上演呢？

我至今也无法解释，我为何会做那两个梦！

2003年3月21日，刚从台湾回美国没多久，晚上可能是时差的关系，睡得很不安稳，有一晚连续做两个恶梦，如此的恐怖与真切。

第一个梦，我在一个屋内，有人朝我身上开了一枪，五脏六腑一阵巨大的疼痛，我几乎晕厥过去，但意识却非常清楚，不断告诉自己，我不能死！我不能死！还有这么多事都没交代清楚，还有好多事没有做完，我不能死！我一直奋力地挣扎，想要爬到另一个房间躲起来，但那人却追上来，接着朝我的脑袋开一枪，轰然巨响，我的脑袋随之炸裂……只剩一片漆黑。

吓醒时，一身冷汗，不久又昏睡，做了第二个梦——我从妈妈家要回家，我好像喝了酒，头昏昏，身体轻飘飘的。夜已深，月黑风高，要走山路，鬼影憧憧，有好几个鬼拥上前来，又抓又扯，还有几个鬼一起用力吹，要把我吹落悬崖。我好害怕，赶紧回妈妈家叫二哥陪我下山，二哥比较重，我紧紧挽着他一路护着我，那些恶鬼还是不断逼近，但再也吹不动我们，安全过关。

第二天起来仍心有余悸，因为感觉是I have really lived through those horrid and terrifying moments（我确实经历了那些可怕的时刻），所以那天还特别写了日记。

4月5日，妈妈发生车祸。赶回台湾，在医院和大哥会合，把妈安顿好后，和大哥在医院中庭吃早餐，听大哥描述完事情发生的经过，突然想到自己做的两个梦，发现其中太多吻合之处，才恍然大悟——可能是母女连心，对妈的车祸已有预感，虽然梦中剧情不全然相同，但我完全感应到妈妈所经历的挣扎、痛苦与不舍。

第一个梦，梦到身上中弹，是妈被摩托车撞到全身多处骨折——肋骨、骨盆腔、膝盖等，我在梦中预感妈被摩托车飞快撞击的剧痛，那五脏六腑被撕裂般的疼痛！后来看到妈照的片子，肋骨断裂，有些还扎到肺部。脑部那一枪是妈被撞飞出去后，脑袋着地的那一击。在两个重击间的妈，其实是百感交集，万般不舍，有好多事想交待却来不及说清楚，但接下来就一片漆黑了……

接下来第二个梦，其实是预感到妈出车祸后，灵魂可能是很不安定的，也许真有灵界的恶鬼想要来欺负她。但后来，救护车或是警方找到在妈家中的二哥，是他一路护送我妈坐救护车去医院的，让妈渡过这个难关。

只是，妈飘荡的灵魂，下山后回到的，是一具再也无法自主活动的躯壳。

向左走向右走

只身来台照顾妈妈期间，一直看到妈有起色，直觉该留在妈身边可以时常照顾她，懊悔之前一直没好好尽到孝道。

但之前早已整个家搬到美国安家落户，要搬回来等于是强迫先生小孩与公婆分隔两地，这是对的吗？我陷入两难，身心极端煎熬。妈情况稍稳后，回到美国与先生商量此事，陷入胶着，几度哭倒在床，完全不知该怎么办。想到最后一招！——跟神耍赖，请神给我清楚的异象或异梦，就像雅各巴着天使，非等得到祝福不放他走一样，“你不给我祝福，我就不容你去……于是在那里给雅各祝福”（《创世记》32章26~29节）。我也跪倒跟神呼求：“I am at my wit’s end!”（我才思枯竭）完全无法决定，所有pros & cons（正反意见）的分析都做完，还是不知所措。“人的尽头，是神的开端”。

那晚做了一个梦，梦见我正在参加一个考试，一堆人坐在一个教室里，我还记得自己在梦中也有点莫名奇妙，年纪一大把还来考什么劳什子的试？所以在梦中考到一半，还把试卷翻回封面仔细瞄了一眼，是一个有关教英文的资格考。醒来以后，不免又对神发牢骚："上帝啊！开什么玩笑？虽然以前大学念外文系，教英文本来可能是我的本业，但毕业后没做过一天本行，就直接转商，愈离愈远。我是问到底该不该回台湾，却叫我去当英文老师？！"这，这太扯了吧？！那时实在太彷徨无助，其实上帝真的对我很好，我要异象或异梦，他果真给我一个异梦，但我属灵悟性还没高到可以自己解梦，《圣经》中有些人可以自己解梦的！（《新约》有彼得、保罗等；还有《旧约》的约瑟，可以替别人解梦，他替埃及法老王的酒政及膳食官解梦神准，后来还因此替法老王解梦，铺下后来做埃及宰相之路，也在七年大饥荒时救了无数生民百姓。）

话说我正纳闷如何解梦时，刚好跟一位极为敬重的基督徒长辈联络上，就向他请教，结果电话彼端的他沉吟了数秒，缓慢悠长地说："姊妹，我不知道这样解对不对，不过我想你问神要不要回亚洲，如果是要教英文，应该是回亚洲教，而不是留在美国吧？在美国教英文，怎么打得过美国人呢？"

真是一语惊醒梦中人！神的确是常用比喻、隐喻（神要彼得传福音给外邦人，是在他很饿时，show<展示>给他看一堆犹太人视为不洁净的东西叫他吃；实际上是教他不要排斥传福音给外邦人）。"神所洁净的！你不可当作俗物。"（《使徒行传》10章15节）"你们知道犹太人和别国人亲近往来本是不合例的。但神已经指示我，无论什么人，都不可看作俗而不洁净的。"（《使徒行传》10章28节）

有了这个应证后，虽然心中有了谱，但还是戒慎恐惧，因为这个决定影响太大，对我家人、我夫家、我小孩、我和我先生的

career（职业生涯）……只好再向神耍赖："神啊！可否再给我更清楚的应证？好让我'你或向左或向右，你必听见后边有声音说，这是正路，要行在其间'。"（《以赛亚书》30章21节）我要非常清楚走在你要我走的路上！不然，我实在走不下去！

神真是满有恩惠怜悯慈爱。第二天早上，在晨更灵修时读的《荒漠甘泉》，那一阵子本来就在用它灵修，我不是从当年1月1日的时间起念的，而是在过年后，从某天开始念，从它"1月1日"的篇幅起每天按着顺序念，结果那天念到的篇幅是3月24日，赫然发现那天的经文是："雅各说，耶和华，我祖亚伯拉罕的上帝，我父亲艾萨克的上帝啊！你曾对我说，回你本地本族去，我要厚待你……求你救我……"（《创世记》32章9~11节）还有什么能比这更清楚的？震惊之余，我心中充满了感恩，神怜我愚拙——文言文听不懂，只好讲白话文！

接下来的发展异常顺利，我老公和我很快在台湾找到工作机会，公婆还帮忙一起说项，劝我先生回台湾发展。替女儿找学校也水到渠成，打电话时学校已开学，刚好只剩一个名额！神说的每一句话都带着能力，绝不徒然返回！"神说我要厚待你！"哈利路亚！

回台湾后不久，恰好碰上我素来仰慕的赵镛基牧师来台讲道三天，原本和一位姊妹约好要在周五一同前往，但那天不知什么事耽搁了变得很赶，又搞得很疲惫，只好打电话给她说抱歉，请她自己先去，我第二天再自己去。周六晚上去了，热热闹闹地唱完敬拜诗歌后，屏气凝神地等着"主秀"登场。赵镛基牧师在韩国建立了全世界最大的教会，连总统候选人都争取拜见他，因为只要得到他站台，就稳操胜算，他掀起好几波大复兴，强调小组教会，来作为教会倍增的基石。

结果一个白人老美站上讲台，我以为他是司仪，结果他被司仪介绍说是赵牧师多年来很好的同工，在圣荷西教会牧会，赵镛基已先行离台返国，今天由他来讲道。我一肚子○○××，想说我才刚从硅谷搬回来，还跑回台湾听圣荷西的牧师讲道？本来想起身离开，结果他一开始就说，请大家翻开《圣经》，我们今天要讲的经文是《创世记》32章……而且居然包括之前，念到那段《荒漠甘泉》的细节。我当场愣住，吓出一身鸡皮疙瘩！仿佛听到圣灵轻声责备我："你是冲着赵镛基来的，还是冲着我？你是来听我对你说话？还是来看做秀？"

我主动向神认罪，乖乖听讲。那天神清楚地，beyond any doubt（无疑），给我第三次应证，让我不再有任何疑惑。还加上爱的叮咛——牧师讲到多年离家后返乡的恐惧，及讲到顺服后神的祝福——exactly what I need（正是我所需要的）！

"我的心哪，你为何忧闷，为何在我里面烦躁，应当仰望神，因我还要称赞他，他是我脸上的光荣，是我的神。"（《诗篇》43篇5节）阿门！

冰淇淋、SARS与车祸

一知道妈出事后，立刻“抛夫别女”，束装只身返台照顾妈。看到妈不断有起色，不仅人清醒过来，而且到能坐轮椅，还会东张西望，虽然脑受重伤及有气切不能言语，但还能有些简单的互动，如带她去教会，给她《圣经》会翻页，给她老花眼镜会自己戴等，因此觉得有希望，也有责任继续帮助她。

那时一个人在台湾很可怜，每天形单影只的，白天去看妈，晚上回到家，黑漆漆空荡荡，电视也没有，只好到网咖上网，与家人朋友联系。

妈刚出事没多久，就碰到SARS爆发，本来妈还有不少访客，但大家都主动不敢再来或被我劝不要再来了。妈初期很不稳定，进出急诊、加护病房不知道多少次，这都是被一般人视为最“毒”的地方，搞得我也不敢和朋友接触。有一次，一群老同事很热心帮我忙，还坚持要请我吃饭，我勉强答应，因为心想，我的习惯很好，每天“严阵以待”：N95口罩、干洗手、湿洗手、消毒水、漂白水、杀菌喷雾，一应俱全（台湾已缺货到不行，我还有“美援”——先生的爱心，帮我到处搜括再寄给我）。但吃完那顿饭不久，听说坐我正对面的同事，居然因发烧在家隔离，心里愧疚不已，还是发下毒誓谢绝一切“社交活动”，幸好后来那位同事没事。

不能见朋友就算了，最惨的，还是回美国看自己家人之际。因为当初走得匆忙，照顾妈妈病情稍稍稳定后，就立刻奔回美国。那时SARS风声鹤唳，和平医院已封闭，也有护士死于感染，人人自危，完全不知这是否会变成21世纪的黑死病。天天“浸淫”在最毒的地方，不免有传染家人之虞，于是与家人商量好回去之后，还是要先隔离10天，才能“出关”。我很感动的是先生不怕死，自愿留下来陪我，帮忙打点照顾生活起居。女儿带到公婆家住，定期来探视我，我们想出来的妙方是：她从后院进来，隔着房

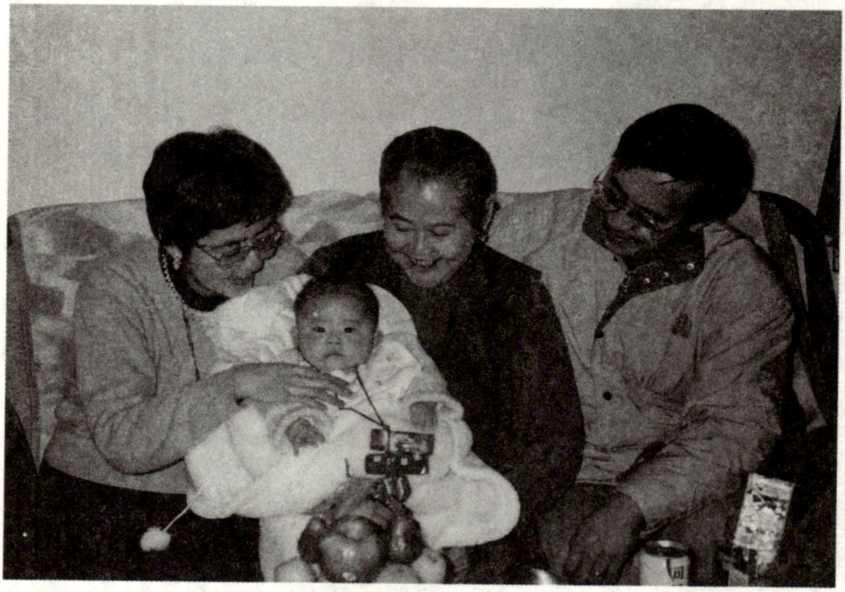

我初尝为人母的喜悦，妈也升格当奶奶了。

子面对后院的玻璃门看我。

虽然是我关在房里，像关在动物园里的动物，但女儿却自愿成了被观赏的动物，在后院里跳绳，骑脚踏车，逗我笑，或是把她那运动后红噗噗的小脸蛋，靠在玻璃门上，贴成一个红龟粿。

虽然思念女儿深切，巴不得可以把女儿搂过来好好亲亲抱抱，但在“顾全大局”的情况下，这样也不无望梅止渴的功效。原来就预计只待两周，因为担心妈妈情况随时有变化，过了10天的隔离期，好不容易熬出关，重见天日，重享天伦之乐，也只剩4天，却也没闲下来，和女儿录了一卷录音带准备带回去在床边放给外婆听。

我们“各自表述”：我唱我的老歌《苏武牧羊》，她弹她的莫扎特，倒也其乐融融。

录完音，夕阳西下，凉风习习，和女儿并肩坐在后院的摇摇椅上，啜着Hägen-Dazs（哈根达斯）的冰淇淋，想到才10天前，台北的水深火热、瘟疫与车祸，恍—若—隔—世—！有种很不真切、小小的，在乱世中苟且偷生的快慰。

我最怕穿的一双鞋

那是一双软牛皮平底黑色的便鞋，鞋底也是黑色，不知是哪种橡胶做的，特别的软，穿上去像是我脚上第二层皮肤，非常舒适，款式又不失庄重。更得意的是，它才花了我9块美金。那是我住美国时，有一次逛一个名牌Outlet的Mall（大卖场）看到的，一试穿就“惊为天人”，而且套句英语俗语“It’s a steal.”，表示价钱便宜到不买就对不起自己，所以立刻就窃喜地买了。

那为什么后来，它变成我最怕穿的一双鞋呢？

2003年3月，正是北加州乍暖还寒的时候，Freemont（弗莱蒙特）的山丘也正满头绿草，这是一年里难得在春天短暂的绿（其余九个月都被北加州的太阳晒成枯黄），接到娘家的一通电话，得知家中有些财务危机，所以立刻束装返回台湾，帮忙一起想想办法。后来解决告一段落后，看得出来妈妈还是心情低落。我也不知道该怎么安慰她，但她还是打起精神来陪我，做几件我回台湾最喜欢做的事，像是吃她的拿手菜，还有鼎泰丰的小笼包、京兆尹的奶酪、高记的萝卜丝饼、翠林的鸡丝河粉及蔗虾，还有买美国没有、质感较脆的保鲜膜，以及一种蔬菜做的味素。

有一天，妈随我东奔西跑时，也许是走累了，脚不太舒服，突然注意到我那双黑色便鞋，妈说，看起来挺舒服的。我说是啊，非常舒服，又轻又软，又很得意地把我用9美元买到的事炫耀一番。“妈，你穿穿看。”我说。妈试了一下，匝了匝嘴：“啧，真舒服！”我突然意识到，我当初怎么没想到替妈也买一双呢？妈的脚挑鞋，我不是不知道，老化的风湿性关节炎及灰指甲，让她的脚指头及指甲都扭曲变形，甚至叠在一起，出血、水泡、鸡眼，不一而足，所以，鞋子很不好买。才9块钱，我怎么就没想到呢？我窘迫地说：“妈，这是大甩卖的零码鞋，那时应该好像没有你的尺寸，不然也替你买一双。”（其实是在撒谎），又心虚地加了一句“我回美国再去看看有没有”（其实那双鞋已买了半年多，早该下架了），快掰不下去时，灵机一动：“妈，这双给你，我再去买一双。”（我行前匆忙，而且是回娘家，不需太多行头，所以就只带一双鞋回台湾），但妈体贴地说：“不用了，你回台湾这么忙，不用费周章了，我还有别的鞋穿。”当时念头一转，的确待办清单上还有好几件事要办，就做罢了。

这就是我最怕穿的那双鞋。

回美国两周后，突然接

到妈发生车祸的恶耗。妈被摩托车撞到昏迷不醒，后来清醒后，仍被判为极重度多重障碍的植物人，成日卧床，不要讲走路了，所有的生活起居都已无法自理。后来进步到可以下床坐轮椅，带她出去逛逛时，脚上套双鞋比较正式，我内疚地赶紧拿这双黑色便鞋给她穿，结果不知是不是脑创伤的后遗症，她的脚已经水肿到再也套不上去了！

我难过地想，当初要是我知道，她那双吃尽苦头的脚，只能再自主的、行动自如地在地上走两个星期的话，我会立刻给她换上这双黑色便鞋，我穿袜子走都成。可是千金难买早知道，人道行善要及时，我说行孝也要及时。之后每看到这双鞋，我就鼻酸，还是八成新，它就静静地躺在鞋柜里积灰尘。

渐冻人的启示

最近读了一个美国著名大学教授变成“渐冻人”的故事：《最后十四堂星期二的课》（Tuesdays with Morris），看了久久不能自已。文中提到在一堂星期二的课，作者问Morris教授回首看此生时，可有何遗憾？他提到了他一个好友，因那人未能在Morris的老婆有重病时问候他们，他一直无法原谅对方，直到对方抱病去世后，他才悔恨不已！

我不禁自问，妈这一生吃了多少苦头，碰到多少困难，但她都很坚强地克服，也走过来了，不知最大的遗憾是什么呢？要讲遗憾，应该不少，但我想到两件事，也是妈出事后，令我追悔不已的事。一是妈自小离家，流离动荡，大陆开放以后，数次返乡探亲，我们这些子女没有一次陪她回去过！二是我妈失散多年的二儿子。

妈问过我不只一次陪她回去探亲，我也答应过，但我每年都食言而肥。我那时在高科技公司上班，压力很大，一年难得休假时，巴不得好好放松一下，我又喜欢旅游，所以每次都排去不同

带妈“转战过大江南北”，去过巴黎与悉尼，但就是没陪妈回故里，也成了我的终生遗憾。

妈自小离家，流离动荡，开放大陆探亲以后，数次返乡探亲，我们这些子女没有一次陪她回去！有一种吃素叫方便素，我是行方便孝。孝者“顺”也，顺着妈的心，而不是我的心，当中有深意，一点也不假。

的地方。我也觉得自己挺孝顺，好几次带妈一起去，我们去过悉尼、加拿大的落基山脉、美国的黄石国家公园等，但就是没陪妈回老家。

我妈出事后，才悔恨我的自私，一直在做的不过是我愿意做的事，方便带妈就带妈，不方便就免谈。我怎么会不了解，我若能陪她回去，她可以光荣地让亲人看看她有一个孝顺的女儿陪她，长得还可以（不好意思，往自己脸上贴金），工作的公司也还有些知名度，别人的赞美与欣羡，可以稍稍抚慰她的心，让她觉得一辈子的辛苦不是没有代价！这岂是去一个风景名胜拍几张照片，证明自己到此一游可比拟的？有一种吃素叫方便素，我是行方便孝。孝者"顺"也，顺着妈的心，而不是我的心，个中有深义，一点也不假。

另一个遗憾是，没能帮妈找回她失散多年的二儿子——卫民生。书中提到的二哥（详见《想做就去做》），不是同一个人，事实上，我有一个失散多年的哥哥，他才是排行老二。那时，我爸妈还住在香港，已生了两个儿子，但有对邻居夫妇婚后多年不孕。我妈很喜欢这个二哥，我看他照片也长得很俊俏，那对夫妇也很喜欢他，时常过来抱抱他，逗他玩。后来再也忍不住了，就跟我爸提出说："老大哥，你已有两个儿子，嫂子又还能再生，就把老二给我们吧！不然我们想儿子都快想疯了！"

爸爸生性慷慨大方，做人更是四海，居然立刻就答应了，也没征询妈的意见，据说妈哭了许久许久，那对夫妇也答应等民生长大要告诉他这段身世。头几年他们还住隔壁，妈说民生会来玩，喜欢抱我，对我很好；结果后来搬到东南亚，起先还有来信联络，后来就不知去向。再用这对夫妇及民生的名字透过红十字会找时，都没找到，想必都改名换姓了。

妈出事前几年，还听人说起好像民生回到香港在金融机构上班，但都没有确切消息或联络方式。我也曾答应过妈要在香港报纸登寻人启事，但就像前一个支票，我开了，却从未兑现。有时会梦想能像一些名人一样，上电视节目，动员整个制作群寻找失去联络的恩人、朋友、亲人，来替妈找到民生。虽然不知道妈还能不能认得民生，但总是少一个遗憾吧！我的遗憾！

身历其境

妈在昏迷期间，就像著名小说《科学怪人》中的主角法兰根斯坦（Frankenstein）一样，身上一大堆管线，连接各种测量生命迹象的仪器（如心电图、血氧浓度等）。另外就是“三管齐下”，分别是鼻胃管、气切管及尿管。

鼻胃管、气切管另有别处会提到，尿管对我而言，是看起来最没尊严的！因为我喜欢有空时就带妈妈出去走走，老是闷在屋子里怕妈会得忧郁症，然而一个尿袋就大剌剌地挂在轮椅旁，非常碍眼，但我也找不到地方藏。当然它也有好处，例如，随时可以检查尿袋中尿的颜色或尿量，来看出是否有问题；尿色太黄或混浊时，或是尿量太少时，就表示水可能喝得不够。此外，就是有些人觉得插尿管比包尿布好，因为后者容易得尿布疹或褥疮，褥疮尤其麻烦，很不容易愈合。

然而，尿管除了碍眼以外，我也发现不少问题：其一是尿管需两周更换一次，但居家护理师不是每天都能来，所以有时会过了该换的日期，就会发出强烈的异味。

另一个最恼人的该算是“尿路感染”。尿管最容易“藏污纳垢”，所以也成了感染的祸源。妈光是尿道炎就不知住了几次院，我都成了医院常客，护士看到我都会嘘寒问暖一番，每次出院时还会叮嘱我不要说再见，说保重就好。

曾经跟护理人员讨论过拿掉尿管之事，但他们说要训练膀胱一段时间，不一定会成。训练就是用橡皮筋把尿管绑紧，给膀胱施压力，看病人会不会胀到一个程度就从尿管外漏尿出来，若是可以，表示膀胱还有收缩的力量。但是试了一次不成功就作罢了。

后来，让我下定决心的，居然是自己的一个亲身经验。有段时间发现下腹部不仅涨痛，而且上厕所时老是涓滴细流的，坐了半天好像还是无法“完全解放”，仍是涨的，非常痛苦，又频尿。后来去看一个知名泌尿科医师，他给我做了一个全面性的检查，其中包括“尿动力学”。我第一次看到这名词差点喷饭，听说过气体力学、流体力学，都觉得是非常高深的学问，突然看到这么不登大雅之堂的尿字跟动力学结合在一起，不仅不搭调，而且让我充满好奇——这到底是什么检查？原来是看膀胱膨胀及收缩的力道。步骤是用一个帮浦把空气打到膀胱里，看它能忍受涨到什么程度才会受不了（我是差点没踢检查人员），而且还要插尿管，让尿放出来。天哪，那真是一个极不舒服的感觉。虽然科技进步，现在尿管多为硅胶材质，比塑料软，但还是一个硬的异物！我难得因寡人有疾，做这个这么有学问的尿动力学检查，痛苦一次咬牙忍忍就过去了，妈可是要每两周换一次尿管耶！

我决定再训练妈一次，这次居然成功了！我苦笑着问上帝：“就一定要我身历其境，对不？”上帝的幽默，我并非每次都能欣赏，但我又不得不佩服他。妈又不会喊痛，所以这次他利用我自己身上的毛病来体会妈的感觉！大学时修过心理辅导，教授说当一个好的辅导帮助人，最高境界不是给对方同情（sympathy），而是“神入”（原文是empathy）。但“神入”有点难懂，似乎“身历其境”还比较传神，这回，上帝“逼”我达到了最高境界。

鸟鸣有人赏

今天我们人与人之间的沟通，绝大多数是倚赖语言，虽然在我们下一代习于过度多媒体的刺激，常耽溺于在线游戏，很多人只会火星文及漫画式的思考，且搞不太清楚整理仪容不是整理“遗容”的情况下，沟通的protocol（礼仪）变得很不一样，但对我这一代及父母上一代，语言还是主要的工具。所以当妈车祸后，即使从昏迷中醒来后，仍无法说话，对我们就成了一项不小的挑战。

医生说她不说话，一个可能是脑受伤，语言中枢不行了；另一种可能是气切管有气进出，无法振动声带，所以不能讲话。关于第一种可能，医生表示无法做进一步检查，所以无法验证。只好从第二项下手，把气切管拿掉试试看。前几年在妈成功地拿掉鼻胃管及尿管时，我就想帮妈拿掉气切，但医护人员都觉得太危险，怕拿掉后，妈只要一口痰卡住就完蛋了，所以医生都不愿做。笃信“山不转路转”的我，就想找一种气切是让病人可以讲话的，结果遍查Google Search，居然真的找到一种日本进口的气切钮，说有发声阀，大喜，立刻联络厂商，一个不便宜，好几千元。医生说为了安全起见，要住院才能换，我们听命行事，住进后，好不容易排到医生的时间，结果只见医生不太熟练的样子，左转右扭，一直塞不进去，偶尔塞进去又很快弹出来，很显然那种气切钮用的人不多，医生练习的机会少，somehow（不知为何）它就是无法很牢靠地卡在妈的喉咙里。医生反复地又搓又揉，试图捏到一个恰到好处的角度才能塞进去，结果把我妈搞得涕泗纵横，她还不时幽怨地望着站在一旁无助的我，仿佛纳闷："成秀，何苦这般折腾我？"我只好一直打气，跟她说装了这个的好处："可以说话喔！"几个小时过去，总算大功告成，过不久也顺利出院。

换完之后，我非常高兴，以为可以让妈轻松很多（请见作者部落格所附当时照的照片），住院时用的铁头气切管又重又脏，还有铁锈！虽然院方说每次置入前都会消毒，但比起日式有发声阀的，还是有天壤之别。

一晚我运气好，去看我妈时刚好身上带了数字相机（有录像功能的），在一番鼓励后，妈真的开了金口。她先是含糊喃喃了几句，我没听懂，这才想起有录像机，立刻就开了机，她又不讲了。几番鼓励，激励打气，就在录到快没电，已经长达5分钟的沉默后，她又开金口了，很简短地重复讲了一个词两次，可是我还是听不懂，对我妈说很抱歉，听不清楚，鼓励她继续讲，她却再也不讲了。后来回去下载档案到计算机上用media player不断反复放好几十次，Eureka!（指找到问题的答案而高兴）总算听懂了！原来她在呼喊我大哥的名字——"成华，成华！"当时掉了一堆鸡皮疙瘩，她可以说话了！赶快把video file share（把视频文件分享）给哥哥看，下次去看妈时，也努力地向妈说我听懂了，请她继续讲，但她似乎不肯讲了。

另一次，我教会小组一群有爱心的姊妹决定来护理之家探访我妈，又唱诗，又祷告，又祝福。我妈看到一群人围在床边，精神与心情都好得不得了（前面提过她很喜欢热闹），呢呢哝哝讲了至少有七八句话，可是，我这个猪头，那天居然没带录像机！（因为后来我妈都不讲，我就没带。）没想到姊妹的爱心激发她想要沟通的欲望，但又因当场听不懂，无法给她正面的回馈，只能面带迷惘地鼓励她，下次再带录像机时多讲几句。

1998年，台北市长选举引起国际瞩目，CNN特派记者在台北家中访问妈妈，现身说法谈小市民的心声。

后来，她也跟护理人员讲过几句，依然是没有人懂她在说什么，她的气馁可想而知。加上那气切钮三不五时掉出来，因为怕影响呼吸，必须立刻找医生来把它装回去，医生说是因妈传统气切管戴太久，气管壁口下方已被拉长变形，所以无法有效卡住这种日式气切钮，才会一直掉。接到医护人员的紧急电话几次后，大家都劝我换回传统气切，我也只好屈服了。

妈也放弃了，因为没人听懂她在说什么。花开有人看，鸟鸣有人赏，说话有人听懂，原来是极其幸福的事！

以前常嫌妈啰唆，巴不得她可以少说几句。她现在沉默了，我反而觉得失去了什么。

即使微小，仍是光

前文提到，试图协助妈妈讲话一直不顺，但一路走来，都尽力想办法了解妈的需要。看了很多本书，也听过不少建议，大多推荐用简单眨眼或握手作为暗号。其实还有个更进步的方法，就是知名科学家史蒂芬·霍金（Stephen Hawking）（即《时间简史》<The Brief History of Time>的作者）用感应器联机计算机，他用眨几下眼睛代表第几个字母来打文章，甚至输出可以用人工发声器，但中文是否能如此运用？我并没有研究。

我最先试的就是问妈妈问题，叫她用眨眼或握手来回答，但妈却对我不理不睬。可是在某些情况，妈又好像心里清楚得很。像喂她饭，叫她自己擦嘴，她会擦；带她去教会，给她《圣经》，她仿佛看得入神，还会自己翻页；给她老花眼镜，她会自己戴；去逛故宫，炎炎烈日，带了一顶她以前最爱戴的碎花宽边帽，起初递给她，她不戴，我还一直劝她要戴，怕她晒昏了，结果不一会，她就自己戴上了。我还以为她因为脑受伤，反应慢，所以动作慢半拍，没想到是我女儿的敏锐观察给了我另一个机会教育。她说：“妈，你刚在骑楼的阴影下要外婆戴，她当然不戴，后来走出阴影，有阳光照到了，她就戴了。”回头一看，果真如此！这是反射动作吗？还是算有认知下的自觉动作？我觉得应该是后者。

这些动作很多都是试出来的，我先尝试不帮忙妈弄，也叫菲佣不要动，让妈自己试试看，不能替她把所有事都做掉，不然会“用进废退”，就没有机会恢复或进步了。而且要有耐心，不要没试两下就抢回去帮她做掉。这是对我极大的考验，因为我是在身为人母以后，才真的了解到我有多心急。我常口口声声说要训练小孩独立，像洗完澡后，要她自己把脏衣服丢到洗衣篮，但我偏偏常在女儿还没来得及做时，我已看得心烦意乱，就一个箭步把球抱走（脏衣服球），转身射篮成功，还做出一个很上相的得意微笑，当然，没几次，我女儿就成功地被我制约成不会自己做了。更糟的是，她领悟到，只要自己动作越慢，就越可“免疫”，我反而强化了她慢郎中的个性！

照顾妈时，也是常常要克制我的冲动，像是喂完一口，常忍不住就帮她擦嘴，其实只要给她纸擦嘴，叫她擦，她会擦，只是动作比较慢，但我们太常帮她擦，她就放弃了。

还曾经尝试给她一些彩色笔，让她自己画。虽然握笔不稳，但她真的写了两个句子，内容好像是叙述车祸的经过（详见作者部落格），可惜有些字还是辨认不出来，但这已是大发现！给她七巧桶，先示范一次从小排到大，放手让她去试，头几次漏了几个，强忍住自己的手痒，问了些引导性的问题：“妈，那这个黄色落单了，怎么办？”耐心地再试了两三次后，果真都兜好了。

感谢一位三总的医生，鼓励我继续从嘴巴喂妈，对亲情的联系也有好处，呛到是在所难免，但小心点就好，利还是大于弊！结果，后来妈不仅可以以口进食，而且也从流质改成绞碎的固体食物（全家为妈庆生，80大寿。妈很喜欢吃蛋糕，看她“觊觎”的样子）。

买了一些玩具乐器，有要拍的铃鼓，有要转的拨浪鼓，还有要两只手同时出力推合的手风琴。前两样都没问题，就手风琴起先一直弄不起来，她只能慢慢地拉开及合起来，但拉得不够快，就没法让风产生共鸣发声，后来继续陪她练习，她又会了。

我有时在想，我妈这算是哪一种植物人？残障手册上写着妈的医生诊断是“极重度多重障碍植物人”，到底是什么意思？小时候就对王晓民的故事耳熟能详，印象中植物人就是不会动，跟植物一样。但我妈四肢都会动，但无法移动躯干，一切生活动作都需有人协助。每次和朋友提到妈是植物人，大家最常问的三个问题就是：“你妈会说话吗？你妈认得人吗？你妈对你们有反应吗？”我常不知如何简单地回答这些问题，只好很老实的说：

“不知道耶！她大部分的时候没反应，但又会自己做一些事，像戴眼镜等。”后来自己买了一本书，看里面有各种不同植物人状态的描述，有一个最像，就是“有极少意识的植物人”。

台大校长李嗣涔在他的《难以置信》一书中，曾提到“医学上常常把失去了感情交流能力的人称作‘植物人’”，这好像比一般的刻板印象（植物人就是不会动）更接近我妈的情况。可是，就如王晓民的妹妹王晓嘉所说：“外界每每以‘植物人’形容姊姊王晓民，但王晓民有喜怒哀乐，我们全家人都不认为‘姊姊是植物人’！”我也是心有戚戚焉。有一次，我要出差到国外，去妈那向她道别，没想到她居然流眼泪，不知是刚好她眼睛不舒服，还是真的听懂我的话而觉得不舍，但以后类似的情况却没有相同的反应。

我真希望有哪位医生可以告诉我，妈这样到底是哪些功能受损？哪些已恢复？是认知不行吗？是肌肉协调尚可吗？是语言中枢受损？是视觉神经受损？或许是看Discovery频道看多了，记得有一集讲到可以透过接电波到受试者脑部不同部位，再给予不同的刺激，看脑波的线图，决定受试者到底有何反应。问了几个医生，也做了几次计算机断层扫描，每次提出特定的问题，像是我妈到底是哪一个功能受损？医生看我就好像一副“科幻小说看太多”的样子，对我晓以大义：“小姐，我们现在的科学对脑的了解没有那么进步啦，我们只知道你妈的脑袋，就像豆腐装在便当盒里，当它从天上咣当往地上一摔，我们只知道豆腐摔烂了。至于到底语言中枢或是认知功能是否正常，老实说，我们实在不清楚。”

我必须承认这是一个很生动的比喻，在听了这么有临场感的描述后，很容易有开悟的喜悦，喃喃道：“懂了！”所以之前太执着于语言中枢的问题，再问就太不上道了。但心里仍然挥不去的疑惑，是我的一个天问。

然而，“压伤的芦苇，他不折断；将残的灯火，他不吹灭。”（《以赛亚书》42章3节）光，即使微小，仍旧是黑暗中希望之所系。

生命与尊严

小时候，植物人王晓民的报道轰动一时，家喻户晓，我当时也很受震惊，尤其是看到她爸妈说“我们已经老了，不知道还能照顾她到什么时候”就忍不住鼻酸，那时年纪虽小，却已觉得植物人生不如死。没想到上了北一女参加健言社辩论比赛，第一场拿到的题目就是“植物人安乐死，该不该合法化？”这么大的议题，那时非常惶恐，心想这个题目非常具争议性，而且正反方还由不得你选，是抽签决定的，我抽到是正方：该死？该死！

就凭我们一群高中生懂什么呢？但总不能临阵脱逃，也只能硬着头皮开始搜集资料。我们那时没有现在的学生幸运，只要上Google Search就好了。我们是要跑好几家图书馆，用手工及肉眼尽可能翻遍档案、杂志、报纸和相关书籍，狂抄笔记，看得我头昏眼花，还要做index（索引）归类（☆〇×？#……Larry & Sergey<Google创始人>，你们怎么不早生几年哪？），好不容易大概整理出宗教、法律、人道几个层面的论点，自己还是心虚得很，果然输了。对方死缠烂打，用“生命可贵”做主轴，获得多数评审的认同，这是我少数的挫败，从此退出了健言社。事后检讨发现，自己无法抽离客观的辩证及用技巧设计对方是最大的败笔。Somehow，对这个议题太“感情投入”了！

不知是命中冥冥注定，还是巧合，多年以后，自己的妈妈真成了植物人。犹记得妈发生车祸的头几天，在加护病房的关键期，一直昏迷不醒，情况危急，那时脑中一闪，天哪，妈该不会变植物人吧！

我一向感情丰富，看《梁山伯与祝英台》黄梅调，会从十八相送一直哭到剧终，从小每次（每次？对啦！我看过至少十几遍）都被一起看的朋友和家人莫名其妙地问：“人家都从楼台会才开始哭，你十八相送怎么就涕泗纵横了呢？”“因为已经知道这是他们最后一次幸福快乐地在一起，不禁悲从中来啊！”

这回悲剧是发生在自己最亲的母亲身上，情何以堪。但反讽的是，看别人演很入戏，轮到自己上场演这出戏，却居然抽离了感情，开始详细地计划以后怎么办。

那段时间，我规划了多如牛毛的细节及待办事项，当然也遇到很多贵人及家人的协助，其中还有一张“照护日程表”是我的“杰作”。在妈妈从加护病房转到普通病房的第一天，就仿佛从天堂掉到地狱，别误会了，我当然觉得妈能转出是一大进步，也是好事，但在加护病房，所有事情都是医护人员包办，喂食、擦澡、翻身、拍背，24小时监测生命迹象的所有指数（血压、心跳、血氧浓度等），还有氧气罩。一进普通病房，什么东西都要自己来。医生一天只来巡一次房，护士小姐只来给药，偶尔量一下血压和体温，等等，我一下慌了手脚。加上他们七嘴八舌、杂乱无章地告诉我们非常多要做的事及注意事项（如每两小时要翻身拍背，而且要轮流换边睡，不然会长褥疮，但吃饭后半个小时不能翻身拍背，怕会吐，也不能抽痰，管灌前还要抽胃余量看消化好不好。一天要蒸痰四次：早、中、午、晚……），听了差点没昏倒。

蒸完还要抽痰，抽痰还得自己来。我第一次听到护士说要我们自己来的时候，我以为我听错了："小姐，你是说我们要把那根长60公分的细管子插到我妈的气管里吗？" You must be kidding me！（你肯定在骗我）这不是侵入性的医疗行为吗，怎么会要我们家属自己做？护士小姐面不改色，毫不动容："我一教你就会了。我们怎么可能有时间一天到晚帮你抽，而且你出院以后还要一直抽怎么办？"那话仿佛魔咒，将那60公分的长管化做一条细鞭，抽打在我发凉的背脊上！"Hey! Hey! you can't get rid of me！"（嘿，嘿，你不能把我甩掉！）魔鞭抽痰管冷笑着，只好硬着头皮依样画葫芦。第一次总有beginner's luck（新手的好运气），一次OK，护士满意地带着微笑走了，但就像叶佳修那首歌，思念总在分手后——开始，我对护士的思念亦如是。beginner's luck用完后，我的拙手笨脚就原形毕露，一会戳太快直通到底，搞得我妈咳得脸红脖子粗，上身还因咳得太大力而弹跳起来；一会又卡在中间再也下不去，只好左插右插，妈一样咳得上气不接下气。几次向护士求救以后，她的笑容就开始慢慢凝结了，她严肃地说："你们这样应付得来吗？干脆请24小时看护吧？"一问之下，一天2400元，一个月72000元，乖乖隆的冬！跟大哥紧急商量，还好大哥那时在报社上班，时间有些弹性，我们就排好了班，他6小时，我6小时，晚上找一个半天班的来。为了要确定看护如实遵照医嘱，也让我自己不要混乱，就制作了一个“照护日程表”。

等到妈被医生正式宣判为植物人以后，我反而松了一口气，悬疑不再，心反而定下来，开始规划长期抗战计划，从决定妈安置在哪儿开始。这个阶段其实对家属压力很大，因为医生等于已经宣告“There’s not too much I can do for you now.”（我现在没有什么能为你做的了）好自为之吧！

我甚至很惊讶地发现，像我妈骨折都还没好，石膏也还没拆就要出院。但站在医院的立场，病人病情稳定，已无须积极治疗行为，当然不该再浪费医疗资源。那时我只身来台，“抛夫别女”回来“抢救”妈妈，现在救回来了，漫漫长路很无助。在台湾没有家，当然不可能把妈搬回家，哥哥家条件也不够充分，就积极寻觅专业机构，从社会局搜集一些资料后，决定找最高等级的护理之家，因为妈是极重度多重障碍植物人，在一般赡养院不一定有24小时护士轮班，不太放心，就和哥哥参观后商量决定。本来锁定某家医院，因为捷运方便，又近哥哥家可以就近常去看妈，没想到SARS改变了许多事。那时和平医院已沦陷了，人人自危，但在签约那天，去那所医院，才注意到整栋楼是中央空调，万一有某楼层爆发SARS，位于同一栋楼的护理之家很难幸免，所以又立刻改到另一家。这个地方没有一般住院病患，只有门诊、急诊，就算有SARS病例，也在遥远的另一头，且空调是各自独立的，就立刻下订金入住了。

一住就住到现在，妈已是资深住民之一。时光轮转，妈在康复的过程中，不断协助她尝试错误，她也吃了不少苦头，但我也很高兴看到她持续有进步，生活质量有改善。

回到安乐死合法化的问题。我不是法律专家，也尚未深入研究最近的判例，但依稀记得前一阵子好像美国有个新闻报导颇为轰动，就是有对父母控告女儿的前夫，不能让他们女儿安乐死，因为把鼻胃管拿掉，等于是让她活活饿死，结果居然败诉，因为法官觉得这位前夫证明了他们女儿生前有表明过这样的心愿——如果要用人为方式延长生命，她宁可不要。所以法官如此判，是尊重病人本身的意愿。细节我并不清楚，但好像其中较具争议的，就是这女儿并未留下只字词组或遗嘱，或任何公开场合的陈述来表明心意，法官是采信其前夫（顺道一提他已再婚）的证词，说类似某个花前月下或夜深人静时，她曾这样告诉他。坦白说，身为人母的我，完全了解为何这女子的父母不相信这前夫的证词，而怀疑他是另有动机。这个活生生的例子让我毛骨悚然，因为从王晓民及我妈身上，我几乎可以十分确定地推想这女子还有意识，却被活活饿死！她横竖还是一个人，谁能决定拔掉她的life support（生命保障，有时是氧气管，有时是鼻胃管），就让她死呢？

一个女人饿死了，我们总要有个lesson learned（经验教训）吧！所以不管是预立遗嘱、预写遗书，或是在公开场合告知数位亲朋好友，或是像我这样表明也可以吧？“I don’t want my life to be artificially extended! When my life on this earth is ending, I will be happy to rejoin Jesus in God’s Kingdom.”（我不想让我的生命人为地延长！当我的生命在人间已经结束，我很乐意加入耶稣的天国。）而且我愿意把所有剩下还堪用的器官，捐给有需要的人，Amen（阿门）！

照护日程表

06：30	护士量血糖
07：00	翻身拍背（平躺）、早餐
07：30	
08：00	擦澡（定时换床单）
08：30	
09：00	蒸气药、翻身拍背（右躺）、抽痰、喂粉末药、涂眼药及外伤药
09：30	
10：00	早点心
10：30	护士量血糖
11：00	翻身拍背（左躺）
11：30	
12：00	
12：30	
13：00	蒸气药、翻身拍背（平躺）、抽痰、中餐、喂粉末药、涂眼药及外伤药
13：30	
14：00	
14：30	
15：00	翻身拍背（右躺）
15：30	
16：00	午点心
16：30	护士量血糖
17：00	蒸气药、翻身拍背（左躺）、抽痰、喂粉末药、涂眼药及外伤药

17：30	
18：00	
18：30	
19：00	翻身拍背（平躺）、晚餐
19：30	
20：00	
20：30	
21：00	蒸气药、翻身拍背（右躺）、抽痰、喂粉末药、涂眼药及外伤药
21：30	护士量血糖
22：00	晚点心
22：30	
23：00	翻身拍背（左躺）
23：30	
00：00	
00：30	
01：00	翻身拍背（平躺）
01：30	
02：00	
02：30	
03：00	翻身拍背（右躺）
03：30	
04：00	
04：30	
05：00	翻身拍背（左躺）
05：30	
06：00	

注：平躺——两边平躺，右躺——左边垫高，左躺——右边垫高

按编：本照护日程表系作者依个人经验及母亲反应所规划的作息表，特提供读者参考，请读者依自己需求斟酌使用。

如果车祸可以避免

2006年11月，台中市市长胡志强和妻子邵晓玲在高速公路上发生车祸，邵晓玲病危，左手截肢，还大换血，全台哀戚，各方的祝福，不分政治立场，全都涌到医院。虽然心里也替他们祝祷，但却有一个东西，一直抓住我的注意力——肇事者的名字！一听到这个名字，我的血液仿佛凝固，心沉到谷底！怎么可能？！居然和撞到妈的肇事者名字一字不差，该不会听错了吧？！车祸发生在台南附近，不在高雄，撞到妈的人在高雄念书，但两地距离不算太远，也不能排除这可能性。我深怕这是神给我一个教训，告诉我上次不该这么轻易把他放走，让他再去伤害别人，视线一直紧盯着新闻，希望捕捉到肇事者的镜头。好不容易看到一个年轻人瘦瘦的身影钻进警车内，还看到脸，总算松了一口气，不是他！只是同名同姓。然后在接下来的几天内，胡志强市长也宣布不再追究这个肇事者的刑事责任，虽然这个肇事者开在路肩，明显地违规，但已无法挽回对晓玲造成的伤害，还不如以德报怨。

自己当初也有过挣扎，对方明明超速，才会把妈先是撞断数根肋骨，骨盆腔骨折，又是膝盖骨折，还因速度过快煞车不及，让妈飞出去再掉下来，脑部着地才会又脑部挫伤，胪内出血，变成极重度多重障碍植物人。我妈虽然那时已77岁，但身体仍很健朗，除了轻微的糖尿病，行动自如，还和我们南征北讨，去旅游了不少国家。更重要的是，她的心还很年轻，有一次，妈和大哥大嫂出去玩，结果顽皮地手攀树枝，吊起单杠来！那时她已近70岁了！（有图为证！）

妈真是猴塞雷！
都快70岁咯，还可以这么皮。

当我接到妈出事通知，在24小时内赶回台湾，赶到妈加护病房床侧时，妈身上到处都是伤口，还有1公分多深的开口，腿上也因膝盖骨折。想到一句名言“To err is human; to forgive, divine.”（犯错是常人之举，宽恕乃神圣之行！）我心里实在很难原谅这个年轻人。妈命运多舛，从小到老，吃了多少苦头，好不容易总算可以享点清福了，却又飞来横祸！真是天道宁论！所以还是告上了法院，但后来实在是无法替我妈辩护，对方坚持是我妈穿越马路。已是植物人的妈也无法告诉我们事情发生的原委，最后只好在法官劝说下和解了事，只拿了区区数十万元台币了事。法官对肇事者很同情，说对方年纪轻轻，前途一片光明，又在念师范博士班，将来还要为人师表，不能留下这个前科污点，而我妈年事已高。言下之意是还能活个几年呢？犯不着因此害了一个年轻人。

我当时光为了照顾母亲，举家从美国迁回台湾，又要帮助小孩适应环境，自己和先生也都各有一份新的工作，又要照顾妈，早已身心俱疲、无暇他顾，又苦无查明真相的管道，只好依从法官的建议。

如今回首，匆匆四年已过，光是妈的医药费及看护赡养费，早就已超过500万台币，对一般家庭而言，不啻是极沉重的负担！当初法官对肇事者一念之仁，可是我妈是受害者，又情何以堪呢？他说我妈穿越马路或许是实情，试问事发当天，4月5日清明节一大早，路上根本没什么车，我妈七旬老妇，行动缓慢，若果她穿越马路，不是可以很早看到，及时煞车不就没事了吗？他在笔录中供称“突然”看到我妈在车道上，所以煞车不及！我妈是七旬老妇，又不是身手矫捷的豹，哪有可能“突然出现在他眼前”？分明是“相对论”！他车速太快，“突然”冲到我妈跟前才对吧！

虽然事过境迁，车祸已过四载，生活也都慢慢上了轨道，每天也如常过日子，像没事人似的，但往往夜深人静，想到此事时，内心仍在淌血。从2003年4月5日之后，我没能再和我亲爱的妈聊过天，话过家常！我妈也从此失去了一切，只有一息尚存……车祸的肇事者，你知道你做了什么吗？

跨海找救星

妈出车祸成了植物人以后，我就特别留意相关的信息。回想起2002年5月的一则新闻：知名记者刘海若，在英国搭火车出了车祸，先是被英国医生判为没救，后被父母送到大陆，居然奇迹式地生还，后来是呈现植物人的状态。可是经过医护人员及家人长时间悉心照顾，居然不只清醒过来，且几乎恢复正常，2004年还回台湾接受电台访问，让人觉得不可思议。因此，找到医治刘海若的医师，成了我的一线希望。

2003年4月妈出车祸不久，还不稳定，不敢乱搬动她，但我想带妈的X光片去一趟北京。上网查相关资料，找到治好刘海若的医生，是北京宣武医院神经外科主任凌锋，我在网上找到了宣武医院的联络电话（要是没有Google，怎么会这么顺利找到医院地址电话与凌峰医师？），所以就打电话过去，想要约个时间去拜访。那时大陆很流行一句话："有关系，就没关系。"表示要有关系，就凡事吃得开。心里还盘算着我和这位医生素昧平生，她现在又被喻为神医，一定很受欢迎，肯定很难找到她；就算找到，她也可能不一定有空见我。没想到一打电话去宣武医院总机，说找凌峰主任，立刻就被转接，不久，电话那头响起一个利落的女声：

“喂，你哪位？”

“你好，我想找凌峰主任。”

“我就是。”

我怔了半晌，以为这个神医是个男的！（连我也有刻板印象，因为名字很犀利。）

“哦！”回过神来，赶紧补充，“很冒昧打扰您，我们不认识，但我久仰您大名，看过很多您把刘海若救活又治好的报道，十分佩服。我妈最近车祸被撞成植物人，还不方便搬动，但我想带些她脑部的片子去拜访您，请您看看，给些意见行吗？”

“好，要约哪一天，几点？”

（哇，弹无虚发，简洁有力）

“×月×日上午×时，可以吗？”

“好！”

到了约定的日期，带了片子，按照网上查到的地址，准时前往。结果看到一个很大的“工地”，显然有改建或扩建工程，我想是后者，因为凌主任名气响遍国内外，想必慕名者众，生意兴隆。进大厅后在柜台说明来意，小姐以电话通知了一声，就跟我说：“凌主任叫你不要挂号，直接上去。”我觉得有点不好意思，素不认识，来打扰这位神医，还不要我挂号。摸了摸口袋，还好有事先准备红包，拾着阶梯走到楼上，有些拆建中无法避免的零乱，却还算干净。

走过一间间诊间，看到凌锋医师的门牌，一进去，她就起身招呼我坐下。她身材高大但不壮硕，肤色白，脸偏大，额头宽广，一看就是个知识分子，穿着像电影《活着》剧中医院里人的打扮，很朴素的白袍。她单刀直入问："片子带来了？"我递给她，提醒自己她时间宝贵，千万要长话短说，不可滥情（我有好长一段时间，讲到妈妈车祸就会流泪）。

"我妈2003年4月5日被摩托车撞成植物人，除了多处骨折外，最严重的就是脑伤，因为是被撞到后飞出去，又掉下来头着地，医生说颅内出血，且是飞散性血块，又有脑水肿，您看该怎么办？"我以平平声调讲完六个W（Who、What、Why、When、Where、How）就停了。

她翻了翻片子，清了清喉咙，正色看着我："张小姐。"

"刘海若是怎么好的？"

她没直接回答我的问题："坦白说，我们也不知道。我们只知道，所有能试的我们都试了，开刀、复健、针灸、按摩……"顿了一下，"我们也不知道是哪个较好？还是全部加在一起好的？我只能告诉你两件事是确定的：第一，海若的家人无微不至的照顾，绝对是恢复的关键；另一个就是，海若很年轻恢复快，你妈已经七十多岁，要像海若那样，希望不大。你要把妈搬过来，我们当然欢迎，但你还是要想清楚，在哪里家人最能照顾你妈？"

我怔了一下，这位神医一点都不居功，也不"抢生意"，虽然算是告诉我坏消息，但我反而像吃了颗定心丸，决定把妈留在台湾，哥哥一家也方便就近照顾常看看她。最后，凌锋医师没收红包，虽然她没花太多时间，但句句真诚，我感念至今！

意外的平安

2006年12月26日，圣诞节的第二天，护士打电话来说，妈可能尿道感染（卧床病人很容易感染，她已几进几出医院了）发烧了，已送到急诊室挂点滴，开始呼吸困难；医生又说疑似败血症，有心脏衰竭、肺水肿的症状，还戴了氧气面罩；过了一会又听到好像是坏血症。还好有Google可以查清楚，妈应该是细菌感染的败血症，死亡率高达一半，坏血症则是缺乏维他命C。心往下沉，赶快继续找治疗的方法，抄了笔记冲到医院，跟医生讨论了一下妈的状况及疗程，完全符合网站信息，这该算是一种网络时代的second opinion（第二意见）吧！心安了些，医生说妈稳定了下来，我们就回去了。

凌晨2点留下看护，早上5点左右又接到医院电话，说妈呼吸困难，可能要发病危通知，叫我们赶快去。我们赶到后，妈惨不忍睹，血氧浓度虽然有氧气面罩还是在掉，医生说要改成密闭式，像绑粽子一样紧紧地捆在妈脸上，绳子深陷在妈的肉里。和大哥一起轮流，继续在妈妈旁边帮她祷告及念《圣经》。

早上来巡房的医生看了妈，交待尽快转加护病房。下午2点，总算送妈进去安顿好，被赶出来时（加护病房每天只有两三个时段探访），我像是身上绑了铅锤的犯人，吃力地回家，欲哭无泪。但注意到有好几通错过的电话，是同一个号码打来的，回电是某杂志社，一头雾水。总机问我找谁，我哪知。后来灵机一动，打给该社一位认识的记者，没想到他立刻猜是他一位同事，也是我以前的老同事，最近刚得知我换新工作，跟他要了我的电话，所以可能是他打的。顺利跟老同事通上话后，因为许久未联络，本想寒喧几句就挂电话，想补睡一下，因为昨晚只睡两个钟头。

没想到他问我最近如何，我的心事就像一头黑色鳗鱼，从喉头深处滑溜出来，喉头发疼，哽咽后泣不成声。本来觉得自己很失态，怎么交浅言深，还抑不住泪水。没想到他说他也是基督徒，当天晚上刚好他们教会有祷告会，他会提出替我妈代祷，还约了牧师一起，要在第二天早上去加护病房探视我妈，哈利路亚！原来这是神派给我的使者，安慰我，帮助妈。

第二天早上一进医院，他们已先到一步站在妈病床旁，我真的觉得他们脸上有主的荣光，要不是测量仪器吵，可能还听得到翅膀羽毛被空调吹得微弱震动的声音呢？一转眼看看妈，与昨日有天壤之别！包粽子般的氧气面罩已拿掉，妈脸色红润，皮肤光滑没被割破，眼睛还滴溜转，仿佛在问我他们是谁。我们一起赞美上帝，替妈按手祷告：“应该一无挂虑，只要凡事借着祷告、祈求和感谢，将你们所要的告诉上帝，上帝所赐出人意外的平安，必在主耶稣基督里保守你们的心怀意念。”（《腓立比书》4章6~7节）

过了一个多礼拜，妈总算顺利出院，再次看到神的恩典与奇迹！

虽然有个后遗症就是急救期间插的鼻胃管，医生不建议拿掉，留着喂食及水也较不容易呛到！

妈妈过去这四年，我常用《诗篇》23篇勉励她：

耶和华是我的牧者，我必不至缺乏。

他使我躺卧在青草地上，领我在可安歇的水边。

他使我的灵魂苏醒，为自己的名引导我走义路。

我虽然行过死荫的幽谷，也不怕遭害，因为你与我同在，你的杖、你的竿，都安慰我。

在我敌人面前，为我摆设筵席，用油膏了我的头，使我的福杯满溢。

我一生一世必有恩惠慈爱随着我，我且要住在耶和华的殿中，直到永远。

以前可能听道时就知道，但自己亲身经历才更能体会，为何戴维（诗人）在前几句讲到顺境时都用“他”。“他”使我躺卧在青草地上，领我在可安歇的水边；但在逆境时，神的代名词变成了“你”，我虽然河过死荫的幽谷，也不怕遭害，因为“你”与我同在，“你”的杖，“你”的竿都安慰我，好像苦难真的能使人更亲近神，更紧抓神。

犹记妈刚出车祸时，我非常不解、不平，上帝啊，太不公平了！妈这辈子还不够辛苦吗？又不是不知道，为什么还要在她风烛残年，只得偷享最后一点清福时，又给她最后一击？连她的自由、自尊都剥夺了呢？这实在是太惨了。这时有声音跟我说读

《约伯记》，我从头读到尾，安静下来，仿佛神在对我说：“你们要安静（休息），要知道我是神！”（《诗篇》46篇10节）。

我曾经想到过一个比喻：我们都像小孩子，跟天父在乐园里时，我们都很容易走丢，因为新奇好玩令人分神的事太多了，君不见每次在乐园、博览会，都会有小孩走丢的协寻广播吗？这时小孩往往哇哇大哭，说“我爸‘他’不见了！”殊不知是我们玩得太高兴，把“他”给忘了！但如果走在黑夜，路又陌生，又崎岖不平，你猜我们还会走丢吗？绝对不会！我们会抓天父抓得紧紧的，还会巴不得跳到天父怀里，然后撒娇地说：“‘把鼻’‘把鼻’，谢谢‘你’！”。

我想，我一定是常常在乐园里走丢，不太听话的小孩，不然天父为何常把我丢到黑漆妈乌的苦难中呢？原来他这么做，好让“我从前风闻有你，现在亲眼看见你。”（《约伯记》42章5节）

想做就去做

我很少跟人提起我二哥，连要动笔写这篇文章，都让我犹豫很久。后来决定写，也是因为不写他，无法完整呈现我妈这一生。

因为，我二哥是精神病患。

啥？你们家爸爸跳楼自杀，妈妈植物人，还有一个哥哥是神经病？呃，我是说精神病。“Boy, your family is really cursed!?”（哇，你们家真是被咒诅的啊！？）

这可能是有些人会有的反应，但我克服心中的恐惧，细说从头。现在讲的二哥其实是我三哥，在前文《渐冻人的启示》中提到，我二哥在小时候就被送给邻居了，所以我都叫我三哥“二哥”，他和我差2岁。

虽然从小玩在一起的时间不多，我们还是有共同的嗜好，就是集邮。前文《爱，征服一切》提过，因为爸爸做玩具外销，有很多和国外往来的邮件，我们都会争先恐后去抢。不过他也会帮我忙，像每次邮局新发行什么纪念邮票，他都会去排队，顺便帮我买，我们也会不时交换邮票互通有无。

进小学一年级时，隔壁班有个块头很大的男生，不知为什么老喜欢欺负我。他会拦在路上，不让我过，我只好绕路，有时甚至堵我，就是不让我上厕所。我回家告诉二哥，他狠狠警告了对方一顿，那人就没再来找过我麻烦。

偶尔香港会有一些叔叔伯伯来看我们，后来从妈口中才得知，他们可能就是爸爸生意上的投资人或合伙人，常会带给我们新衣服及进口巧克力。扁长方型的铁盒，里面一块块五颜六色，像稍厚的磁砖形状的巧克力，表面都是圆弧的，没有棱角，用薄薄的锡箔纸包着，撕开它轻巧的外衣，放在口中，让它慢慢随着唾液晕开，缓缓溶化，对我是无上的享受！我吃一块要好久，二哥往往喀吱喀吱两声就一块下了肚！我是“蚕食型”的，碰到这样“鲸吞型”的二哥，对小时候的我而言，有时是极大的梦魇。

我们小孩都喜欢吃泡面，但那时的妈妈就很明智地知道泡面不能多吃，不知是嫌贵还是已经知道油炸过不健康，所以妈很绝。每次我们吵着要吃泡面，她有求必应，从不拒绝，但总是只用一小包泡面掺着一大包家常白面，一煮一大锅，堵我们的嘴巴，把我们塞得饱饱的，就没人会抱怨了。我从小就深谙“先苦后甘”的道理，所以我总是小心翼翼地把家常面挑出吃掉，最后剩一小撮黄澄澄、弯弯曲曲的泡面。有道是“好酒沉瓮底”，摩拳擦掌，正准备好好享受这辛苦积攒下来、香喷喷的“纯”泡面时，好几次都被二哥“横刀夺爱”，仰头往他嘴里一倒，就毫无踪影，我虽然恼怒，但也奈何不了他。

但我先苦后甘的美德，可能是天性，仍然屡败屡试，直到好几次重复的悲剧后，我才学到，人生有时也要“及时行乐”。从此以后，干脆也学我二哥，先下手为强，先把碗里泡面挑起来吃掉，再吃普通面。

我相信他本性不差，但不知为什么特别讨厌功课。妈说好像是提早入学，念了一年级后被发现，又留下来再念了一次一年级。他因为都学过了，就觉得学校很无聊，不想上学，或是上课时不专心听，可能是因此而渐渐对学校倒尽胃口。

妈很重视我们的教育，那时升初中竞争激烈（虽然刚实施九年义务教育，但流行考私立中学），所以替大哥二哥请了个男老师当家教，非常严厉，功课没做完或做错就打，而且打得很凶，甚至拿腰间皮带来猛抽，我时常听到二哥鬼哭神号的。大哥比较乖，为免受皮肉之苦会乖乖念书，后来还考上不错的学校。我是年纪尚小，幸免于难。但二哥不知是否天生反骨，你怎么打，他怎么反抗，硬是不做功课。我有时躲在旁边，看到他眼中燃烧着愤怒的火焰，一副“要功课没有，要命一条”的执拗。

大哥、二哥和我。

妈妈虽然心疼，但很少出来干预。那个年代，太相信老师的权威，因为在学校也打，好像是家常便饭，也没想过要换个老师。

其实三个小孩中，爸爸最喜欢二哥，说他最像自己；大哥太老实，而我是女孩子。二哥从小就古灵精怪，脑筋转得快，常看到他眼珠滴溜一转，就不知有多少念头转过。但说也奇怪，爸也拿他没辄。有一年暑假，他跟家里拿了钱，说是要参加学校的暑期辅导，那时爸爸已是生意失败又蹲过牢里出来，家境拮据，但还是给了他钱。有一天爸爸拎着二哥的耳朵走进门，气呼呼地说："这个兔崽子，拿钱去什么暑期辅导，被我抓到在西门町看电影，钱早就花得差不多了！"爸爸也是拿出皮带，边抽边气得手发抖……

爸爸去世后，二哥并没什么改变，他和几个"放牛班"朋友一起混，制服是订做的，上衣紧身衬衫，下身喇叭裤，三个人结伙走在路上看起来确实很酷。后来年纪渐长，才稍稍体会那年代被归到"放牛班"的人有多少压力，又是多不容易维护自尊，获得肯定。标新立异，成群结党，也算是一种渴求被注意与寻求认同的手段吧！

后来他念完高中就没念了。

那时妈在电子厂做清扫厕所的工作，家住在一个公寓的四楼。二哥钱不够用时，要钱的方式很绝，183公分高的他挡在门口，妈不给钱就不让她上班。妈那份工作是要打卡的，高155公分的她心急如焚，气急败坏地仰着头一直跟二哥讲道理："钱是买菜钱，不能给你这样乱花，赶快让我走，不然会迟到！"他仍然不为所动，说："不然你可以从阳台跳楼去上班啊！"这时他眼中仿佛又是燃烧着那愤怒执拗的火焰。妈每次气得涨红了脸，却也只好屈服付了"买路钱"，匆匆赶去上班。

到了当兵的年纪，他运气也不好，一抽抽到个下下签——三年的伞兵。放假回来时，他有时会提起军中的状况，像是不敢跳伞的兵会被直接踢下飞机；或有时降落在琼麻田里，被扎得遍体麟伤；或是有时一早出任务，降落时却被风吹到冰冷的水塘里，还要一身又湿又重地演习一整天。

三年快过去了，二哥都快退伍了，有一天我们却接到一通电话，说二哥出事了，他去拿头撞玻璃门，撞得头破血流……

服完役后回到家，没见过他出去，也没见他和朋友联络，成天关在房里，后来甚至不肯吃饭，说妈会下毒害他。妈后来熬不住，怕他饿坏了，就托了一盘饭菜到他房间，要他多少吃一点。一打开房门吓一跳，只见他在书桌上点了大大小小的蜡烛至少十几根，烛泪“血流成河”爬满一桌。那时妈已改嫁，住在教职员宿舍，是年久失修的木造房子，哪天“火烧厝”怎么办？那可是大杂院，住的不只我们一家子，伤到自家人就算了，伤到别人可赔不起。

我那时在教会跟辅导请教，说听起来像“精神分裂症”的病征，叫我们要带他看医生，但二哥说他没病，说什么也不肯去看医生，拖了好一阵子，最后我们是把他架走的。还好大哥也是183公分，还可以镇住他一下。我和大哥带他到了那时在松山的市立疗养院，医生吩咐立即住院，铁门关起来的刹那，二哥在里面不断地呐喊：“不要！不要！我没病！”我和大哥在门外四目相视，不禁悲从中来，忍不住两人都哭了。我心中百感交集，想到我们家孤儿寡母，家境拮据，一路走来，已经够辛苦了，现在二哥又生这种病，以后会怎样？两人都感到十分无助与茫然。

他出院后，天天得吃药，医生剂量下得较重，为的是保守起见，一定要控制住病情。只见他每次吃完药就眼歪嘴斜，不断翻白眼，一直流口水。大哥开始看相关书籍，他还当过高雄生命线团队的义工、小组长和委员，着实下了不少工夫了解二哥的病情，不时和医生讨论，帮助二哥了解到这些是吃药的副作用。

我原本很天真地以为，送进医院后他们会请最好的心理辅导来开导他，让他豁然开朗、“痛改前非”，一切就好了。结果透过大哥的研究及医生的解释，才了解到精神分裂已经是生理的，而不只是心理的疾病。那时的医学理论是脑中某些化学分泌失衡，导致病人有幻觉、幻听、幻像，有被害妄想及缺乏病识感（不觉自己有病），有些人还会有暴力或自残的倾向。二哥得了这个病，才知道这病其实很普遍，热心的左邻右舍及亲戚朋友开始告诉我们，什么对面阿婆儿子就是这个病跳楼自杀，或是哪个阿姨发现儿子这个病就把他送走了，送到一个很乡下的地方收容。

像不像母鸡带小鸡？

二哥后来就成了医院的常客，曾尝试做过一些工作，都做不久。像希腊神话中的薛西弗斯，每天早上推球上山，每次快要到山顶时太阳下山，只好放弃，球滚回山下，第二天再推，周而复始。二哥在每次出院后，药的剂量较重且副作用大，当然很不舒服，等到慢慢看几次门诊，医生看他蛮乖的，逐渐就把剂量调低，过一段日子后，好像药量低过了某个临界点，他又开始发作，不外乎在家里闹事，于是又送去住院。

好多人劝妈把他送走，妈总说“手心手背都是肉”，妈舍不得，我们也没辙，就这么继续照顾二哥数十个寒暑。大哥和我分别结婚生子搬了出去，剩下妈和二哥，留在“大杂院”里。

我搬到美国后，居住环境很宽敞，就邀妈到美国和我住半年，回台湾半年，妈说：“二哥怎么办？”我说没问题，我们把每天吃饭钱及零用钱定期汇给他，他自己买来吃，在娘家附近方便得很。妈被我说动了，果然来了，但换成她每次都食言而肥，讲好住半年，她时常顶多住一个多月就迫不及待地跑回台湾，因为她放心不下二哥。回台后打电话给我，都会说二哥好可怜，三餐不正常。

直到妈自己倒了下来，我和大哥商量，决定把二哥送到专业的疗养机构。二哥的主治医师也很帮忙，一知道我们的危难立刻转介，二哥也住进了这个山明水秀的地方。

事实上，我们以前曾问过主治医师，可否将二哥送走，但他说现在已不是龙发堂的时代，要尊重人权，要尊重二哥的意愿。要问二哥？他当然不要！待在家里多舒服，进出自由，还有妈帮忙照顾生活起居，多好！为何要自愿被关起来？所以我们一直搁着，像一道无解的难题。

帮二哥办完手续后，心里放下了一块石头。我去告诉妈，已安顿好二哥，妈用她车祸后受伤的斗鸡眼凝视着我，看不出来有怨怼，但眼底似乎有一抹疑问。自那以后，妈不曾再见过二哥。路迢迢，妈坐轮椅，无法去看他，大哥会给妈看二哥的近照，清瘦结实很多，那边生活规律，每天都要帮忙整理环境，妈看了并没什么特别的反应。

我常想，妈没过过一天好日子，我和大哥早就该下定决心，不管妈的意见，把二哥送走，让她可以轻松一点，为何没早这么做呢！？以前看电影《雨人》（Rain Man），就知道有这种专业疗养机构，为何我们以前不跟妈及医生坚持到底呢？为什么？

孩子教我的事

自从举家自美迁回台湾后，我有空就会带女儿一道去看外婆，因为我妈非常疼爱她的孙女及外孙女。她以前每次来美国探望我们，都会带来一些台湾特制、美国买不到的玩具。像有一年靠近过农历年，她带来一只飞马灯笼，不仅是两只翅膀展开折叠自如，而且开关一开就噗噗地振翅起来，还有配乐，当然肚子里还有灯，看得我们都傻眼了。我女儿爱得不得了，所以一直保留下来。那时元宵节都是狗年了，还拿那马年的灯笼去中正纪念堂逛花灯，仍然有许多惊异的眼光盯着它振动的翅膀瞧。

我妈也喜欢热闹，我注意到每次当我们大家团聚时，时常我们跟哥嫂聊天，我们小孩跟哥嫂小孩玩成一片，妈常被落单，可能也不知怎么接上话，但她会静静地在旁削着水果，不时抬头带着微笑瞧着我们。我想她平常是寂寞的，有她的一群儿孙围在周围，就算插不上话，也好过成天一个人看电视。

Lesson 1：原来人生有些事是急不得的！

我一有机会就带女儿去护理之家看她。我本来的态度是，这也是给女儿的机会教育，先由我以身作则，示范给她看如何照顾长者，让她也培养珍惜尊重生命及会照顾人的同情心。先开始是我示范如何喂外婆吃饭，然后叫女儿喂。那时妈刚拿掉鼻胃管不久，喂饭、喝水都还在彼此适应的过程，我喂的时候，不知怎的，妈时常呛到，咳得满脸通红，上气不接下气。女儿自告奋勇，要提早轮她接手，我一开始还不以为然，从旁一直叮咛她（其实是啰嗦她）喂小口一点，喂小口一点。结果过了一会，让我惊讶的是，妈居然呛到的机率大减，我只好放下身段，向女儿虚心请教她成功的秘诀，结果她条理分明地说："妈，你喂的每一口虽然小口，但你

妈妈从小爱爬树，和孙女一起玩，一点也看不出七十多岁了。

"你给我下来！""我偏不要！"妈："好啦！别吵了！"

太性急，她第一口没吞完，你就接着喂第二口，当然容易呛到，我注意到外婆一口需要比较久的时间吞咽。”心想可能是鼻胃管塞太久，吞咽功能太久没充分练习，虽然我之前时常从口喂一顿软的食物，如婴儿食物、布丁等，但一小顿零食和三餐正餐都用嘴进食还是有一段不小的差距。她接着说：“我就喂完一口后，在心里从1数到100，再喂第二口，这样就确定她每一口有足够的时间吞咽！”我瞠目结舌，她从哪里学来的呢？我从没有教过她这些！她自己找到了方法解决这个问题。神借着我这慢郎中的女儿，给我这急惊风的妈上了一堂宝贵的课！我成天都在催她，快呀，Hayaku（口语，快一点），加油，Gambate Kudasai（日语，加油）。

Lesson 2：放下成人的骄傲，向孩子学习！

另一次，带她去看我妈。她那天精力颇充沛，跟只猴子似的，在我妈床四周爬上爬下的，还爬到几乎一人高的窗台上坐着，双脚还晃啊晃地俯瞰着我们。我是一向神经比较大条，也相信让小孩适度的探索及体能活动是好的，就没制止她。过不久，有看护人员进来，惊呼“唉呀！小妹妹，摔下来怎么办，快下来！”她灵活地一伸脚就安全落在我妈床上，还跨过我妈身上。正要提醒她这是不礼貌的行为时，她一骨碌地躺在我妈旁边，头挨着我妈的头，睁着她那小孩子特有、黑白分明、眼白有时还发蓝的双眼东张西望。不久就惊叹：“妈，外婆这边看出去好无趣哦！就是一个四方形的天！”我也把头挨过去，我们一左一右夹着妈妈的头。这是我第一次从我妈的角度看东西，真的非常无趣，一个长条型的窗户，看出去只有水泥森林及天空，还被一排屋檐把蓝天遮掉一大斜角，A room with a view. Yes, but not much of it.（一间没什么风景的房间）女儿开始和我七嘴八舌讨论起来要去买一些盆景，常青的，有花的，各式各样的，来装饰这个窗台。

其实，我并不是很钝的人，我之前也有装饰我妈的房间和床，挑了一些值得纪念的照片贴在床头。事后想想当初贴的目的，一方面是让环境看起来较活泼，而不是医院死白的墙面；另一方面，我的确比较设定给照顾者看的，我想让他们看到，我妈不是一直这样斜眼斗鸡的，她曾是个美人胚子，而且个性开朗活泼。我们还找到一些哥嫂带她出游时，妈顽皮地双手拉着一根横树枝干吊单杠的样子，双脚都离地缩起来哦！七十多岁的人还是生龙活虎，这些照片让很多人赞叹（详见作者部落格），我也希望观者（照服员）能跟我一样，看到妈的潜力，对她抱一丝希望，或因为喜欢她的开朗（虽然是过去式）而更乐意帮助她。但处心积虑的我，却也有挂一漏万的时候，我忘了除了照服员还有一个viewer（观看者）也很重要，if not more so，就是那个被照顾的人。我女儿给了我另一个机会教育，用被照顾者的角度来看世界、看事情。Maybe we'll see a very different world!（也许我们会看到一个非常不一样的世界！）

小孩可以给我们很多机会教育，如果我们愿意放下成人的骄傲与矜持，You will be amazed.（你会很惊奇）耶稣说："让小孩子到我这里来，因为在神国的，正是这样的人。"（《马可福音》10章14节）上下文好像着重在小孩子单纯、谦卑的特质，但小孩的好奇心、敏锐的观察力和喜欢探索不同角度的特质，不也是常被许多"大人"尘封已久的宝贝吗？

轮椅与婴儿车

多年前，就有创业的梦想，那时就觉得老人很可怜，应该想办法引进能帮助他们的产品，像妈妈很早就因风湿性关节炎，脚趾头变形而叠在一起（详见《我最怕穿的一双鞋》），互相摩擦很容易因此出水泡。后来去日本旅游，在他们的药妆店居然发现每根脚趾头可以分开穿的袜子，觉得日本人实在厉害。日本是全球人口老化最早的国家，所以那时很想搜集整系列的银发商品来帮助台湾的老人。但那时和几个较知心的朋友聊这个想法，被浇了一大盆冷水，那时我们都是年轻的父母，小孩都还小。朋友说："别傻了，你看看我们自己，买小孩玩具绝不手软，缴比私立大学还贵的双语幼儿园学费也不会心疼，当然是做小孩生意好赚钱。至于银发族的市场……你看华人社会的老年人，对自己都抠得要命，不舍得花钱，子女也忙着成家立业，照顾自己的下一代，谁会在老人身上花大钱呢？"

那时，看看别人想想自己，好像颇有道理，也就做罢。时至今日，台湾人口快速老化，加上少子化，时代该不同了吧？银发族市场该有人重视了吧？2003年4月妈的车祸，让我又重新认识这个市场。我的大嫂，大好书屋总编辑胡芳芳，也因为照顾妈妈时感到无书可参考，利用职务之便，在拜访日本知名的讲谈社时，引进了它们创社90周年的代表作《图解长期照护新百科》，后来在2006年11月出版，出版后叫好又叫座，引起广大回响，也荣获诚品书店选为“年度最佳工具书”，显见台湾市场需求之殷切。

那天推妈坐轮椅上街，初夏却已是艳阳高照，毒到不行，我赶快撑起一把伞帮妈妈遮，剩下一只手是无法推轮椅的，所以找了我们家菲佣帮忙推，但圆弧形的阳伞又刚好挡住她的视线，容易撞到东西，可是我伞举高又遮不到妈妈，一路上手忙脚乱。

这时一个年轻的妈妈优雅从容地推着婴儿车走过，那车上头有遮阳顶盖，我不禁纳闷：为什么我逛过那么多家医疗器材店，从未看过有加遮阳顶盖的轮椅呢？是我孤陋寡闻，跑的地方不够多？还是根本没被发明出来？果真大家较疼爱小孩，不太关心银发族吗？

我因为怕妈成天在护理之家闷得慌，有机会都喜欢带她四处“趴趴走”。那天带她逛台北101，因为我觉得那是台北市走道最宽的百货公司，轮椅出入较方便回旋。结果前方来了一家人，父母在后，小孩在前又蹦又跳还哼着歌，没在看路，突地停在我妈轮椅前面，双眼瞪得老大，惊恐明显地写在脸上。正当他快忍不住嚎啕大哭时，被他有教养的父母立刻拉到一旁，制止并规劝他：“老奶奶生病，身上插了一些帮助他的管子，看起来跟我们不太一样……”我心中非常感激这对夫妇，免了我们引起大批围观群众的麻烦，却也不免悻然，赶快“逃离现场”。我不禁想：妈内心是做何感想呢？

我后来才猜想，有时带妈“出场”时，她常面无表情或面对镜子时侧头不看，是否也是一种无法面对“尊容”的武装自卫及逃避呢？为何我们的医学如此进步，却仍对老年人的需求如此无知或是漠视呢？

前文讲过，妈曾是三管齐下，又有鼻胃管，长长的一根管子从鼻孔伸出来，露出一大截在外边，让我想起一首儿歌：“大象，大象，你的鼻子怎么这么长，妈妈说鼻子长，才会漂亮！”可是，鼻胃管一点都不漂亮！

第二个管子是气切管，有铁制、不锈钢或是硅胶的，但都是露一个洞口在喉头上，看了挺骇人的。

第三个是尿管，露出体外不说，还接了个偌大的尿袋，至少可装500CC以上的容量！说有多碍眼，就有多碍眼，还不时发出异味。

我不禁开始奇想……

那天看完同学写的《好狗命》，不禁掩卷叹息！我们的社会，有好命的狗儿，不仅有整套的衣服、帽子、鞋子，连吊牌上的名字，都是镶施华洛世奇的水晶。那天在电视上，还看到专门为狗儿设计的安全帽！我们如此精心地打扮我们的宠物，那我们该如何对待付出一生心血照顾我们的上一代？那扶着我们、跨出人生第一步的父母，当他们行动不便，需要我们回过头搀扶着他们，跨着人生来日无多的步伐时，他们曾有的欣喜，对照的，是我们的不忍还是不耐？

那次适逢美国国庆节，去朋友家做客。他们正值花样年华的女儿刚看完牙齿矫正回来，换了一副新的牙套，本来青春期就爱美，通常会为戴牙套很丑感到苦恼而羞于见人。没想到她立刻迎上前跟我们问好，还给我们一个咧嘴、好大的微笑。瞥见她牙套上红白蓝相间的颜色，问她怎么回事，她得意地说，因为美国国庆要到了，所以她选的这幅新牙套上有美国星条旗的图案。她再度欣然咧嘴，果然又是星星又是条纹！她继续说，她迫不及待等万圣节赶快来到，她中意一副有南瓜灯及骷髅头的牙套，还有明年的圣帕特里克节（St. Patrick's Day），有绿色幸运草图案的……本来想跟她开玩笑，说我有一个更好的设计，就是感恩节的牙套，不是烤火鸡，而是一只无头火鸡（头刚被砍掉）到处乱跑的连环图案，因为有很多格……（这是对一句英语成语开玩笑——a chicken running around with its head cut off，意思类似我们的“无头苍蝇”。）但突然灵光乍现，为何我们不将类似的创意，发挥到像我妈这样病人的“三管”呢？

首先，是鼻胃管。暴露在鼻子外面这一截实在太长，但长是有原因的，因为在喂每一餐之前都需要回抽，看胃余多不多，若太多，表示上一餐尚未消化完全，所以必须延后喂食；管子太短，则无法有足够的空间看胃余量。为何没有人把伸缩吸管的概念带进来呢？要检查胃余量或需喂食时，就把管子拉长，平常不用时就缩短，只剩下一小截有盖子的部分露在鼻子外，经过一些巧思设计，应该可以“伪装”成鼻环吧？让我们的阿公阿嬷都可以跟时下的年轻人比酷。

再来，是气切管。何妨设计一些透气的罩子？阿嬷用蕾丝花边的，还可以有缎带蝴蝶结；阿公可以用薄纱棉布做成帅气的西部牛仔领巾。

尿袋呢？我曾经买过一个热水袋，是冬天时可以抱在怀里保暖的，我女儿好爱，里面不过是一般红色的橡胶热水袋，外面的罩子却是一个毛绒绒的狗狗。我们可以设计类似的套子，从小猫、小狗、熊猫到无尾熊应有尽有，当然还有一点很重要，就是要内附可抽换的芳香袋，这样既美观又防臭，挂在轮椅下方，好像是在溜狗溜猫……

哪一天，我亲爱的朋友，可以让我们的长辈，即使在“三管齐下”坐轮椅的时候，仍然可以有尊严地逛街，而不会让小朋友吓哭，让路人皱眉掩鼻，自己照镜子不会瞥头不忍卒睹镜中的尊容，而会对路人咧嘴微笑？

哪一天？

后　记

寻找，就寻见

张成秀

“寻找，就寻见；叩门，就给你们开门。”（《马太福音》7章7节）。

“自从造天地以来，神的永能和神性是明明可知的；虽是眼不能见，但借着所造之物，就可以晓得，叫人无可推诿。”（《罗马书》1章20节）

从小就喜欢看大自然的东西。小学时，家里办厂，有一大堆包装货物用的大纸箱。我放了学后，总喜欢拖着一个搁在一旁没人用的纸箱，到我们数百坪的空旷大院子里，就躺在里面，别人有吊床，我有空纸箱，就这么看着天空中变化多端的云彩，有时是蛟龙，有时是独角兽，有时是美人鱼，有时是人马兽……可以一直看到天黑，妈妈叫我进去吃饭为止。

后来爸生意失败，辗转搬进了一间小公寓，幸运的是我们住顶楼，所以顶楼天台又成了我放学后最常驻足的地方。我可以在上面看着夕阳，背着朱自清的《背影》或王羲之的《兰亭集序》，一下子就背好了。我有个死党，常跟我抱怨，背诵课文是多么地让她头疼，背老半天都背不好，我就告诉她我的秘诀，带她来我家顶楼天台，两个人踱着方步，摇头晃脑……浸浴在夕阳余晖中，两人脸颊都染上红晕，那橘红色温暖而不炙热的光芒，仿佛有种魔力，让我们把背诵的苦差事，不知不觉变成抑扬顿挫、音韵十足的享受。

早期刚搬过去公寓时，后面还是一大片稻田，远处是青色山脉，近处是一片水塘，还有你推我挤的浮萍，不时有两三只白鹭丝，好整以暇地缓缓飞过，再拗口的课文也都变成琅琅上口了。

上了北一女，见识到人外有人，突然有种极大的失落感，虽然父丧之后，即一直鞭策自己要好好念书。但是人生就是如此吗？同学邀请我去教会，我就抱着好奇的心去了。

原本在小学、中学悠闲的乡居生活，轻松考全班第一，甚至全校第一，上了北一女，进了城，见识到人外有人、天外有天，突然有种极大的失落感，我这井底蛙真的跟着大海龟来到太平洋，简直傻眼。犹记第一次月考下来，拿到成绩单看到上面的名次，简直不敢相信自己的眼睛，从小到大看惯了不是一就是二，连重感冒考个第七名，都会一路哭回家的我，第一次看到名次还有两位数！真是不可思议！Inconceivable（难以置信）！环顾四周，群贤聚集，突然感到自己的渺小与卑微。也不免心生惶恐、顿失所据，兴起非常多的大哉问：我是谁？我安身立命的依据为何？虽然父丧之后，即一直鞭策自己要念好书，但是人生就是如此吗？Can I really make it？（我真能做到吗？）我是谁？我从何而来又将往何处去？那时就很喜欢一首由黛安娜·罗丝（Diana Ross）唱红的英文歌，一首选自70年代音乐电影《霓裳羽衣曲》（Theme Form Mahogan）的主题曲《Do You Know Where You're Going To?》（你可知何去何从？）歌词节译如下：

你可知何去何从？

你可知何去何从？

人生所展现的，你喜欢吗？

你将去向何方，你知道吗？

你得到你想要的了吗？

当你回首从前，

没有一扇门敞开。

你希望得到什么，你知道吗？

虽然我很爱看课外读物，曾经碰到一个超棒的语文老师给我们一个推荐书单，上有100本好书，包括王鼎钧《碎琉璃》、白先勇《台北人》、鹿桥《人子》、小野《蛹之生》……我全都囫囵吞枣地看完。虽然非常享受阅读的乐趣，但好像并未找到人生的答案。

那时班上有个同学弹得一手好琴，知道我们爱唱歌，但那时民歌也已流行好几年，有点腻了，她却带我们唱好多新歌，令人耳目一新。第一首歌《就是我》令我印象深刻：

就是我，那就是我
终日摸索，岁月已磋跎
自从来就主，甘愿献于主
欢欣快乐临到我
就是我，那就是我
暗淡人生路途感彷徨
所遇非我愿，令我感疲倦
换来只是争战一场
生命曾无意义，从未有安息
但如今全然改变！
新生命欢欣乐无比，欢欣乐无比！

这首诗歌非常扎心，那个同学邀请我去教会，我就抱着好奇的心去了。在团契里，每个人都以名字省略姓相称，跟我妈叫我一样，令我倍感亲切。大家坦诚相待，分享生活困难，还常彼此代祷。

教会也安排很多专题演讲，有大哥哥、大姊姊来分享圣经故事、真理或是非常生活化的主题（如男女交往），让我每周都迫不及待地想参加。说也奇怪，我时常听道感动得全身起鸡皮疙瘩，不知这是否即所谓“圣灵的感动”。教会也有个图书室可以念书，从此变成放学回家吃完饭，就在那待到熄灯才回家。每晚在图书室也有灵修时间，好几位弟兄弹得一手好吉他，有本歌本《基督是主》，都快被我们唱烂了！

有一次在聚会中决志信主，也受了洗礼，教会生活非常愉快。慢慢的，我也参加诗班，每周练唱，每周日崇拜献诗，还不时要练婚丧喜庆的曲子，当然婚礼是我的最爱，牧师的证婚每次都令人感动，因为他们不是千篇一律念一些标准经节，而都是为每一对佳偶“customize”（定制）信息。这些牧师也都是团契的辅导，对每个人的个性和性情都了如指掌，很多佳偶也是一起服事的同工。所以牧师勉励的内容，往往都有真实动人的小故事，及针对新人彼此个性差异来提醒，连我这“路人甲”每次都听得津津有味。当然啰！最期待的，还是婚礼后的茶点招待，对我这爱吃甜点的馋鬼来讲，每回都大快朵颐。

这期间，我顺利地考上我的第一志愿：台大外文系。渐渐的，我也增加了研读圣经门徒造就的课程。也开始带小组，学习传福音，邀请同学。所以一周中，光周间就是：一天自己的造就课程，一天带小组，一天诗班练唱，加上周末有周六晚上团契，周日早上的崇拜，及三不五时周日下午的爱筵、婚礼，等等，几乎把所有时间都花在教会，跟家人的关系也愈来愈疏远，跟系上的同学也很少互动，几年下来有种**burned out**（精疲力竭）的感觉。不禁开始怀疑，这真的是普天下唯一的真理吗？我在还没有研究过别的宗教前，就一头栽进了基督教，我怎么知道呢？虽然之前也念了非常多理性辩证圣经真理的书（像《谁来审判》），但那时，一股想要“闯天涯”看看外面世界的冲动，让我把以前所学所想，全抛到脑后，就像《圣经》中浪子的故事。我跟天父告别，就头也不回地走了，这一走，我在外头流浪了15年！

这15年间，我大学毕了业，工作顺遂，23岁就当上小主管，带领一个营收上亿的业务团队；又申请到奖学金，顺利拿到Stanford MBA；回国又在人见人羡的Microsoft做事，幸运地负责过非常多重要的产品线及项目。其间也结婚生女，也不时看一些宗教书籍。

从《般若波罗密多心经》、《西藏生死书》到新世纪宗教系列（New Age），其中我最喜欢的是后者，尤其奥修（Osho），他在台湾可买到的每一本书我都看了，从《爱，生命与欢笑》到他阐述老子的道德经及庄子。我喜欢他的诙谐与睿智，其实跟禅宗非常像，讲的都是破我执，放下。对长期处于高压状态的我，不啻是生活中的一流清泉，非常refreshing（耳目一新）。我也去上了很多静心课程，不只有传统打坐入定放松的静心，还有动态的，像苏菲旋转静心。以及睁大眼睛瞪着闪烁不同颜色的灯来静心，还有芳香疗法的静心，对喜欢尝鲜的我来说，这还不够，重看了《前世今生》后决定去做催眠，看自己前世到底是哭倒长城的孟姜女（我很爱哭），还是小说《环游世界80天》的主角英国绅士Phileas Fogg（我也爱旅行）。

结果催了半天只能回到小时候，但我必须承认那是非常特殊的体验。我回到过去的一个moment（时刻），哥有朋友来家里找他们出去玩，妈叫哥哥们顺便带我一起去。对那些大男生来讲，带我一个跟屁虫，简直是累赘，但又不能违拗我妈，所以虚与委蛇地带了我出门，走到巷子口，他们就互相使了个眼色，打个暗号，接着一起数1、2、3咻的一声，全都一溜烟的不见了。那时的我可能连幼儿园都还没上，只知当下吓傻了，呆若木鸡也不知道过了多久，才一路哭回家。当在催眠中回到那个traumatic moment（受惊吓的记忆片断），说也奇怪，我四肢麻痹僵直了许久，跟我当初吓傻呆住的感觉一样，仿佛我身体的每一个细胞都储存了这段不愉快的记忆，平常是沉睡（dormant）的状态，而催眠重新启动它，带我relive the moment（重演一次）。

虽然不断地有这些灵性的追求，但我发现佛教和道教因为派别很多，研究起来非常复杂，很难确定到底哪一派讲的是绝对的真理。我虽然自认念了不少书，却并无把握我是否真的有正确的认识。我只能说，就我所读到、所能理解的部分整理出来，佛道教似乎与基督教有颇大的差异，他们并没有提到造物主，也不讲宇宙的起源或终点：

一、人皆有佛性，人人皆可成佛，佛是悟道的智者，像老师，可以帮忙渡众生。

二、菩提本非树，明镜亦非台，六根所视所觉，皆为幻象。

三、缘起缘灭，人生无常。一切都是random（随机无常的），随机的组合。

四、因果报应，不是不报，时候未到。

我必须承认对这些观念我有疑惑，例如，若果真一切都是random，又如何解释因果报应呢？若是种瓜得瓜，种豆得豆，就是有一个法则在运作，有逻辑可循，怎么是random呢？

其实严格说起来，“六根所视所觉，皆为幻象”可能没错。因为现代科学把物质不断地解构下去，发现其实固体的组成单位像气体一样，都有质子、中子和电子，而且电子都是跑来跑去的，并非我们如肉眼所看到固体就不会动。但光这电子的结构，就学问

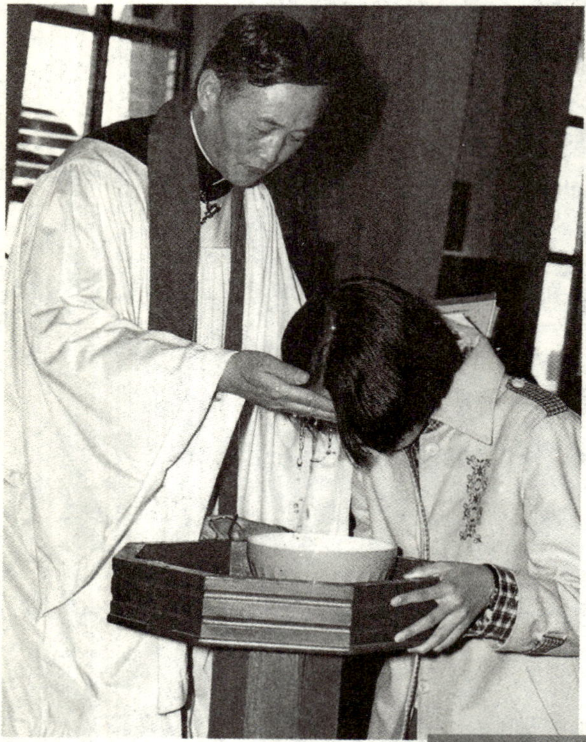

参加诗班，每周练唱，每周日崇拜献诗，还不时要练婚丧喜庆的曲子。

教会生活非常愉快，有一次在聚会中决志信主，也受了洗礼。

教会有大哥哥、大姐姐来分享圣经故事、真理或是非常生活化的主体（如男女交往），让我每周都迫不及待地想要参加。

教会有个图书室可以念书，也有灵修时间，好几位兄弟弹得一手好吉他。有本歌本《基督是主》，都快被我们唱烂了！

大得不得了！曾经看过一部很棒的影片《Unlocking the Mystery of Life》（《揭开生命的奥秘》，由Lad Allen执导），导演用深入浅出的方式，分享现代科学的一些新发现，包括对蛋白质及鞭毛虫的鞭毛如何运作，有很精采的动画，让人惊异光是这么基本的物质，就有如此复杂的运作模式及结构。所以，每当我看大自然中许多奥妙的事，我真的很难说服我自己，这都是随机变出来的。

我也看了台大校长李嗣涔的三本书：《难以置信：科学家探寻神秘信息场》、《难以置信Ⅱ：寻访诸神的网站》和《人身的机密：人体X档案》，看了之后觉得非常不可思议。

大学时代起，就听说他在"国科会"主委陈履安的支持下，做了很多气功的研究与实验，对他相当尊敬。他做这么多验证都指向有灵界或超越物质，我们感官所无法认知的世界存在，似乎不是凭空想象出来的，在他书中实验所描绘出来的境界，也仿佛我们在大千世界，有各式各样的佛祖、药师佛，等等。其中与灵界接触的过程，也描述得很像一间间不同的学校，有不同的智者主持当校长，若你与他有缘就可进去一窥堂奥，甚至获得不同的"礼物"，如药师佛花园中的药草。

但说也奇怪，李校长说这一套对基督教毫不管用，不管是用哈利路亚、耶稣、上帝、阿门等，均"不得其门而入"。还有一次，这个受测者用心眼看到了一个庞大而发光的十字架，但一走近即发现已走出来了！

这些玄奇奥秘之事，我也不知如何解释！

后来，在做举家迁美的决定时，先生跟我都在加州念过书，自然不做他想，就加州了。但加州这么大，要在哪里落脚呢？那时心中就浮现出从前带我信主的高中同学，虽然不常联系，但我知道她住Fremont，就建议先生考虑Fremont，他居然也一口答应。其实我们都各有很多其他朋友住南湾，像Cupertino（库比提诺），但不知为何我们很快达成共识。搬去后，落了脚，买了车子，差可称快五子登科了。

内心的空虚却像个淘气的孩子，不时来烦你，让你不得安宁。2000年，在一大堆千禧虫危机恐慌及世界末日预兆猜疑中，非常uneventful（平静无事）地来临。日子照过，空虚依旧，在复活节前几天，打开大门时，看到门把上夹了一份传单，是那个高中同学给我复活节崇拜的邀请函，我不假思索地决定要去。

那时，他们教会还在一个学校的体育场里，我去了。跟着敬拜团唱诗歌，但多为新歌，跟得有点吃力。但接着有一首歌响起，旋律歌词都很简单：

> 无人能像你，惟有你能摸着我灵深处。
> 我虽用尽一生来追求，
> 哦主！无人能像……

决堤的泪水泛滥成灾，我开始完全不可遏抑地啜泣。那天又没带卫生纸，从袖子口开始擦，擦到上臂，擦到肩膀还不够，又捞起上衣下摆开始擦。旁边的姊妹看不下去了，体贴地递来一盒面纸，继续狂擦。诗歌早就不知唱完多久，牧师的证道内容为何，我也不清楚，只知道圣灵深深摸着我的心。

想起过去15年来，不断地追寻与摸索，茫然与孤单，想起《圣经》中浪子的故事，二儿子耗尽一切回家了，父亲老远就看到他，跑过来抱他，一点也未责怪他浪费家产，却叫仆人拿出上好的款待他……

我终于回家了，回到我灵性的家。我仍然有怀疑，仍然有很多问题没解答，我仍然有恐惧，我仍然有像你一样很多人性的弱点，但我无法否定我的亲身经历与感动。

多少次，看到大自然的奥妙，都会联想到我很喜爱的一首诗歌：

主啊我神，我每逢举目观看，你手所造，一切奇妙大工，
看见星宿，又听到隆隆雷声，
你的大工，遍满了宇宙中……

“神的事情，人所能知道的，原显明在人心里，因为神已经给他们显明。自从造天地以来，神的永能和神性是明明可知的，虽是眼不能见，但借着所造之物就可以晓得，叫人无可推诿。”（《罗马书》1章19~20节）

我在美国的教会，参加了一个讨论科学与信仰的小组，其中探讨了宇宙的起源，根据近代太空物理学的发现黑洞理论、大爆炸，其实很多跟《圣经》中的描述吻合（详见Reasons to Believe的网站：www.reasons.org及一片DVD《The Privileged Plane》（由Lad Allen执导），而且后来很多科学家发现达尔文的演化论有很多不合理的地方，所以有一群很多原本不是基督徒及现在也还不是的科学家推出另一个理论：智慧创造论（Intelligent Design），引起极大的回响（请参考另一片DVD：《Icons of Evolution》（由Brian Boorujy执导）。

这几年的染色体基因解码计划，比尔·盖兹（Bill Gates）曾比喻这是不知比微软的程序复杂多少的东西！程序是由程序设计师所撰写的，他如此的比喻，也间接意指基因是有一个不知伟大多少的程序设计师开发的。这是一连串“基因的突变”及“环境随机变化”或“优胜劣败，适者生存”所无法产生的！

最后，我想用一个我们牧师讲过的笑话做总结，题目是：“谁是专家？”

“我每次去一些社交场合，都会发现一个很有趣的现象，如果有人自我介绍说是医生，在场一定很多人立刻虚心请教自己健康的问题，像高血压、痛风等，如何治疗与保养。若有人说自己是会计师、税务专家，也立刻有人请教如何报税、节税等。律师也是如此，大家都毋庸置疑地把对方当成专家而虚心就教。等到我开口介绍自己是牧师后，大家立刻开始高谈阔论，讲每个人自己的宗教信念、理论或干脆说：‘我信睡觉！’要不就是嗤之以鼻，还有人与我展开热烈的辩论，仿佛每个人都成了专家，没有人管我皓首穷经，念了几年才拿到神学博士，啃的书、做的研究不比人少，但没有人向我虚心就教，或肯听我说研究的理论与发现。为什么会这样呢？因为，信仰是一个人生的旅程，而不是一个理论。It’s not a theory, It’s a journey!（与上句同理）”

信仰之旅，我没法替你走，你的路也跟我的不一样。真理，往往不是愈辩愈明，我也不敢确定我得着了，但有一点我很肯定，就是：我是一个认真的寻道者。你呢？

因为《圣经》应许我们：“寻找，就寻见；叩门的，就给你们开门。”（《马太福音》7章7节）

致亲爱的朋友

这是我在2006年1月“休耕期”，写给朋友的年终岁末祝福信，其中提到一些照顾妈的心路历程，也在此分享给读者。

亲爱的朋友：

快过农历年了！岁末寒冬之际，稍来我的祝福！首先和您分享在2005年，我生命中发生的大事。

第一件大事，该算是我妈妈持续的进步，虽然有时觉得很缓慢，但有进步就值得欣慰。在复健疗程中，她可以扶着栏杆走路了！这对平常人可能不稀奇，但对我妈来说，绝对是往前迈了一大步！

您可能记得在2003年，我和我家人从美国搬回台湾，就是因为我妈妈发生车祸，被摩托车撞成植物人。从昏迷不醒，到醒来后身上插着三根管子（鼻胃管、尿管与气切管），本来医生还要插第四根，说是脑水肿，要插导流管从脑部皮下一直接到肾脏，但副作用是可能身体会产生排斥而时常要换管子。还好靠着上帝的大能及弟兄姐妹的帮助及代祷（特别是前台湾大哥大总经理张孝威先生及许真宜姐妹，及时介绍另一位医生，建议不妨再等等看），结果妈的脑水肿渐渐消去，免受第四根的苦。

原来那三根管子，也慢慢拔掉了两根（鼻胃管与尿管）。说来容易，其实每拔一根管子，都是一个争战。像当初我主张要拔掉鼻胃管时，面对非常多来自医生及护士的压力，他们担心我妈用嘴进食会吃不好，况且她还有气切，有气进出喉咙食道容易呛到。虽然我之前就为了我妈的吞咽功能不要退化，而时常喂她吃婴儿食品或布丁，我是对我妈有信心，但面对专业医疗人士的反对，还是非常彷徨。

还好那时又碰到一个贵人，是三总的一位医生（很抱歉我忘了他的名字）。他说从鼻胃管进食，因为没经过嘴巴，没有味觉的刺激，很多病人其实觉得并不饱足，然后心理上也觉得很委屈，想说为何家人都不爱她，不给她吃饱。所以他鼓励我继续从嘴巴喂，对亲情的联系也有好处，呛到是在所难免，但小心点就好，利还是大于弊！结果，妈现在不仅可以以口进食，而且也从流质改成绞碎的固体食物。

2005年10月，复健师在疗程中加入了练习走路，看到她扶着栏杆走路，心里觉得真是奇迹！我现在向上帝求的，就是可以让我妈把气切也拿掉。因为气切是在喉管切的口子，不仅容易感染，而且如前所述，时常在她进食时容易呛到，更遗憾的是让她无法说话。我虽然尝试过给她换一种日本进口很贵的气切管，有发声器，但不知为何，就是一直掉出来。2005年有一次住院，想要拔掉气切也没成功，但是我不放弃。我好几次梦到妈妈跟我说话，像在日常中的对话，有时梦醒回到现实会难过得哭。但就在大前天晚上又梦到，这次醒来却心中平安喜乐，也许是一个好兆头。我恳求上帝这位充满怜悯恩慈的神，求他医治的大能再一次临到我妈。以前常嫌她啰嗦，若蒙神怜悯医治，让她能再开口讲话，求神赐我足够的耐心，让我不要再嫌她了！:)

至于我个人，在工作上焚膏继晷（每次我用这个成语，就会有年轻朋友很无辜地问我，这是什么碗糕？），戮力以赴，交出一张漂亮的成绩单后，在年底决定放自己半年的长假，一方面多陪陪家人，一方面休养生息。最近的显学是慢活（downshift），放慢脚步好好生活，我立刻身体力行。虽然无法达到王文华讲的doing nothing（身心合一的放松）的最高境界，但至少已经带我妈去过台北101(带她吃生鱼片及到顶楼瞭望)、动物园、好市多、大安森林公园等地，而且目前在家几乎天天洗手做羹汤，简直是贤慧到令人不敢相信。

此外，去年也是驿马星动的一年，和先生及女儿去过美国加州探亲，坐游轮去阿拉斯加看冰河，到日本东京三大主题乐园及北海道赏雪，还有在帛琉玩各种海上活动，看到了像电影《海底总动员》里的大断层，十分过瘾！

2005年，是感恩的一年，希望2006也能在身心灵方面都有成长，愿你的2006也充满平安喜乐！

张成秀敬上

* * *

2007年，真理堂的崇拜讲道，有一系列讲《传道书》，我非常喜欢。这是以色列鼎盛时期的君王所罗门王写的，一开头就是“虚空的虚空，虚空的虚空，凡事都是虚空……”他有个很有名的故事，就是生前交代他的葬礼，要把棺材两旁挖洞，好让他的手可以伸出来，让世人看到，即使像他一生极尽荣华富贵，死后，仍什么也带不走！

我在经历过人生许多大悲大喜后，念到第三章："哭有时，笑有时；哀恸有时，跳舞有时……"不免沉吟。"我知道世人，莫强如终身喜乐行善；并且人人吃喝，在他一切劳碌中享福，这也是神的恩赐。"谁说不是呢？

《圣经》之《传道书》第三章

凡事都有定期，天下万物都有定时。
生有时，死有时；栽种有时，拔出所栽种的也有时……
哭有时，笑有时；哀恸有时，跳舞有时……
寻找有时，失落有时……
争战有时，和好有时。

这样看来，做事的人在他的劳碌上有什么益处呢？
我见神叫世人劳苦，使他们在其中受精炼。

神造万物，各按其时成为美好，又将永生安置在世人心里。
然而神从始至终的作为，人不能参透。

我知道世人，莫强如终身喜乐行善；
并且人人吃喝，在他一切劳碌中享福，这也是神的恩赐。

我知道神一切所做的都必永存；无所增添，无所减少。

神这样行，是要人在他面前存敬畏的心。

现今的事早先就有了，将来的事早已也有了，并且神使已过的事重新再来……

故此，我见人莫强如在他经营的事上喜乐，因为这是他的分。

他身后的事谁能使他回来得见呢？

\>>> # 外一章

一班没搭上的公交车

张成华

舍弃柏油的正途，我故意走在道旁泥地的边缘，差15公分，就是蓄满脏水和蚊蚋的小沟圳，小沟圳过去是新插的秧田。

如果走在草烟里的我还4岁，我会高举双臂，等你俯身抱起，走一段路。

至少我该等来你的喝骂："好好的柏油路不走，走到泥地里！"

如此，我才能不甘心地放弃，踢落乱草尖上颤抖水珠的无聊举动。然而，怪异的沉默罩着你的脸，一路上我让新洗的布鞋染上湿泥。

老实说，多年的疏离，我也不想关心你的心事，只是没来由的惴惴訇訇的。

"坐这班车吗？"你问。

"不是。这班车绕路，我坐下一班。"

这样草草编就的理由应该赢来你的喝骂。你却只顾转身，背对着我，朝车门走去，侧身，上了车，朝着后车厢，也是朝着我，默默走到最后一排座位，坐在右手靠窗的位子。天啊！那是我最爱的位置，每回我第一个上车，就抢这位置，急不待地抬开窗，让早晨的风灌进来。

我的脸，在车窗里跟你的展开互换。

20年，30年，会不会是同一班公交车，做同一件事？

车开了，你花白的头，回过来，眼直直地望我，绝望夺人。

我竟然读不懂。

那我也该读得懂，那颤抖的字，歪歪斜斜地写着："值此国难"……一已绵薄……以死报答……

我从来不跟你讲话的，我是说，打从你出狱回来。你也少打我骂我了，只是我还没发现，因为我执意躲你。出事的几天前，你把我叫去，给我看你写的一篇东西，问我意见如何。这就奇了，一把把我作文第一的奖状撕了，大骂我没出息，不做正事的爸爸要我帮他改作文，什么抗议福特访"匪"，什么国家兴亡、匹夫有责，这种老掉牙的八股，还错字一堆。我把文章还给爸爸，转身走人。

"你看怎样？有问题没有？"

"很好，我看没什么问题。"

如果认真继续看，我该看到"绝笔"这两个字吧？

不知什么时候养成的习惯，临到出门，我一定窥探客厅，如果你没有先一步盘踞沙发，那天就是宜远行的好日。事实上，只要能不跟你打照面，统统都是吉日良辰。

你不知道我有多沮丧，当我看到你先我而坐在早餐桌上，默默地扒饭，我也只得硬起头皮，坐到你的对面，低头猛扒饭。突然你开口，我的心紧缩一下，碗一沉。

"今天跟你一起出门，想办点事。"

12月8日，大凶，诸事不宜。

我不能违抗，只好任湿泥染脏球鞋。

那天因为没赶上第一班公交车，上学迟到，整天浑浑噩噩，为了点鸡毛蒜皮的小事，跟同学起口角争端，又因工厂实习做得太烂，被鸡歪老师讪笑。我没有动怒，只是心神不宁一直到下午。有同路到中华路转车的同学，我死拖住他们不放，他们嘲笑我赶快回家啦，就跳上各自回家路线的公交车，没人理我纠缠。我逛无可逛，耗无可耗，眼看不回家是不行了，只好回家。临到巷口，气氛不对，眼睛瞟来瞟去，一切又都如常，看不出来有什么不一样的地方，但心里好像有一座警灯狂闪。

开门，没看到妈妈，邻居的阿姨在厨房煮着什么。

“你爸死了，你妈去警察局，你先过来吃面。”说得好像是别人家的事，我木木地就真的坐下来吃面。面好咸，没有以前的味道，一切都不一样了。

一切都不一样了，你死了。

张炳坤，现年65岁，香港归侨，他于今天早上7时34分，跑到中华商场2栋的3楼上，自2栋和1栋之间跳楼自杀……（《民族晚报》1975年12月8日第二版）

报上如是说，说得好像他们都在事发当下的现场。

如果时间不断，现场连续，你在公交车里面，我在公交车外面，算不算得是在事发当下的现场？

往前进一点，是你坐在中华商场顶楼的边缘，双腿悬空，遗书摆在一旁，用块石头压着？

往后退一点，是父子相对无言的扒饭。

往前进一点，往后退一点，停格。

4岁的时候，为了追一只罕见美丽的大斑蝶，我跌磕在一只工具箱上，左小腿胫骨处被刃口向上的斧头斫开一道近环半圆的裂口，血流如注。伤愈，有一段时间我不能下床，小孩躺不住，你怕我又出岔，抱着一只自家养的鸡来逗我。

倒带、停格、回放……

爸，那天梦里，你又抱只鸡来逗我了哩。

父子滑进一池深绿的水里。水面烟气软弱地升起，离水面不远，就被风吹散。

我送你上车。

“爸，你的鸡怎么不见了，快找找？”

你慌慌张张地冲下车：“我儿子呢？我儿子不见了。你有没有看见他？他本来要跟我搭同一班公交车的。”

台北的超级阿嬷

胡芳芳

人生真奇妙，结果往往出人意料。就像电影《阿甘正传》（Forrest Gump）的经典对白："生命就像一盒巧克力，你永远不知道会尝到哪种滋味。"（Life was like a box of chocolate, you never know what you're gonne get.）就像我也不知道，我很欣赏的一位同事，居然变成了家人，因为我成了她的嫂嫂。

认识成秀时，她是《天下杂志》的广告部主管，后来她负笈美国深造，回国后一次偶然的午餐约会后，她想介绍我认识她大哥，我很爽快地答应——心想：这么优秀又美丽的妹妹，想必哥哥也不遑多让。见面之后果然印象极佳，进一步交往后，也自然而然在心里第一次有想要结婚的念头……尤其，她妈妈更是让我对未来的日子，充满了"色、香、味"俱全的期待！

第一次在成秀家吃饭，张妈妈的手艺已经掳获了我的心。笑容满面的她亲切地招呼着我，一点也没有陌生感，看到她就好像看到我妈妈一样舒服。婚后和婆婆并没有住在一起，但是每天都会回来看她，一起吃晚饭，陪她看看电视、聊聊天再回家。刚开始时，其实还是不太习惯，因为我发现婆婆是很爱做事、睡眠极少的人，相对于我们身为女性上班族的懒散，婆婆真是太勤快了。

婆婆其实有失眠的情况，所以睡得不熟，一有什么声音她醒了，可能就整晚睡不着。睡不着的她可就有好多事做（或者她也会找许多事做）：洗衣服、洗澡、整理房间，准备当天晚上要煮的菜（豌豆苗、花椰菜、大白菜……）。一直很纳闷，为什么睡得那么少的婆婆，有那么多的体力做那么多事？有时她甚至于会一个人整理这个有好几百坪的日式老宅院。

每天早上她总会插上一盆花，迎接每一个清晨，而花材就是院子里的七里香或是附近篱笆的牵牛花或爬墙虎这些不起眼的花，经她巧手一弄，总会变出不一样的模样。

我是职业妇女，每天下班还可以到婆婆家吃晚饭，不知道羡煞多少朋友。婆婆也真是天赋异禀，各种菜色到她手上总是点石成金，连吃剩下的红烧鱼卤汁，隔夜吃还可变成可口的鱼冻或拌冬粉做成“蚂蚁上树”。我生性对厨艺十分驽钝，几年下来，只习得一手洗净锅碗瓢盆之术，想要博闻强记记下“狮子头”、“熏鱼”、“菜饭”的做法均不可得，只记得滋味，却总是记不得做法，饱了肠子却懒了脑子，原来，一心还真是不能二用。

有一年，婆婆包了端午节的粽子，特别嘱咐我要分送各家亲朋好友。我拎了一束沉甸甸的粽子，前往当年的证婚人府上致意，这位名作家好奇这粽子何以被绳子捆绑得快要爆出来，真是闻所未闻，一吃下去之后……几乎说不出话来。来年，又到了端午，接到这位名作家的电话，劈头第一句话，竟然问的是：“嗯！去年那个超级好吃的粽子，请问今年还有吗？……”而我们

妈不仅手艺好，种花种菜也是一把罩。

傍晚凉风习习，最爱在院子里玩耍。兴致一来，小孙女拔拔花草，就做成送给奶奶的美丽花束。

总是劝婆婆，年纪大了，别那么累，吃外面现成的不就好了吗？省麻烦嘛！也蛮好吃的啊！的确，婆婆包粽子的手已经愈来愈包不紧了……我老公说，当年他读高中的时候，每天带的便当可是婆婆每天一大早现做的，而且是能塞就塞，每次打开盒盖，里面的鱼啊肉啊好像会蹦出来一样……难怪老公说十七八岁的他，当时的皮肤活脱脱像热腾腾的大白馒头，吹弹即破。

婆婆155公分，听说公公也有180公分，我想先天高人一等加上后天进补得宜，养的男生都是183公分，女生则标致清丽也有166公分，对于我们的下一代，婆婆更是“责无旁贷”。我从怀孕到坐月子，她更是“东炖西蒸喜欲狂”，印象中的瓦斯炉及大同电饭锅好像参加奥运的储备选手一样，总是没停过，一直咕噜咕噜煮着，住过香港的婆婆深知广东人“汤乃元气之源”的道理，熬煮着各种褒汤：银耳汤、蛤蛎汤、竹笙鸡汤……我可是平生第一次喝过这么多汤，连带两个小女儿也都是婆婆一手带大，“夏天凉茶，冬天骨头

妈和哥嫂住在日式大学宿舍的老房子时，极富生活情趣及巧思的她，在带两个宝贝孙女时，就是以大自然为教室。

汤”，以此为汤底泡奶粉，所以两个小孩的身高都是同年级里名列前茅的。

有时想想，我真是得天独厚，竟然赖皮到了极点，不仅吃喝在此，两个小孩天天看慈眉善目、笑口常开的奶奶，长得还颇讨人喜欢，每次遇到有人称赞孩子长得好，我总会心虚却又得意地说：“那是婆婆的功劳！”

极富生活情趣及巧思的婆婆，在带她的两个宝贝孙女时，可是以大自然为教室。我们住的地方是日据时代就存在的大学校舍，许多户住在一起，所以有广大的庭院。长年下来，七八十年的历史，或许在水泥的掩饰下已失去昔日的光华，但日式木造老房子的一屋一瓦、高耸的树木，仍诉说着过往的光辉。婆婆总是像神农尝百草一样，在好几百坪大的院子里，进行着她的各种试验：哪种叶子可以煮凉茶，小朋友喝了夏天降火气；这种叶子可以清肝火……她也像农夫及园艺家，播下各种蔬菜的种子，想要吃时，只要召唤孙女去拔来炒就行了，保证无农药，现拔上菜，鲜度百分百。

两个女儿上幼儿园、上小学后，老师都很喜欢她们的个性。记得最疼她们的一位安老师，总是形容我们家的孩子是“自然的孩子”，不仅是个性自然，喜爱大自然，也因为是得自于她们超可爱的“元气阿嬷”。她们从小就在这种传统的大宅院长大，就像一处小型的自然保护区。婆婆深信古老谚语的智慧：“早起三光，晚起三慌。”所以，咱家的娃儿可是在太阳起床后的6点半，就在院子里晒太阳，顶着天光喝下每天的第一口奶……中午则在大树荫下，吹着习习凉风吃着午餐，傍晚就在院子里玩耍……兴致一来，小孙女拔拔花草，就做成送给奶奶的美丽花束。

有这么能干的婆婆，更是加速了我在家事上的无能，我也自甘成为身旁的第一个尝膳官、跑堂、二厨、鼓掌部队以及洗碗小天使……尤其是成秀工作忙，常是国内外业务奔波，只要婆婆知道成秀这个周末会回来吃饭，婆婆马上就变成超级星光大道上的大明星一样，使出浑身厨艺志在成为第一名。她总是黎明即起，清晨采买完成，算好成秀回来的12点钟回推时间，预先料理好。在成秀回到家门按门的那一刹那，满桌的菜都是热腾腾的，有成秀最爱吃的蕃茄明虾、丝瓜炒蛋、洋葱排骨外加狮子头水煮大白菜……这时的婆婆，最高兴的就是看我们大家都坐在一起，开心地吃着她精心烹煮的满桌佳肴。我这个跑堂的，脚已经酸得跌坐在椅子上，婆婆这时还会从厨房端进一锅银耳汤，为这餐的美味划上一个甜甜的句点。

婆婆虽然长于江苏的一个小镇，可是她从小就爱爬树，个性极为活泼外向，16岁逃难先后落脚上海、香港，30出头结婚，后又来到台湾……不同文化的陶冶，造就她想要环游世界的雄心壮志。婆婆上了年纪之后，难免这里痛、那里痛，是公保的常客，但是只要她要出国玩或去成秀美国的家，好像不药而愈，马上就精神抖擞。成秀移民美国的那段时间，婆婆总是美国、台湾两地跑。每次要去美国的时候，已经七十多岁的她，却总是生气勃勃地一个人搭机赴美，一个大皮箱及双肩背包就上路。

记得有一次，我们全家出动送亲爱的婆婆到机场搭机，原本还难分难舍，可是婆婆进海关之后，只和我们挥了挥手，就转身走向登机门，两个孙女一直巴望奶奶再回头看我们一眼，可这元气奶奶就像个独立的“老童军”一样，头也没回直直向前行……望着她消失的身影，我们都觉得奶奶真是太“神”了！真不敢相信自己以后老了是啥模样？真希望能像婆婆一样无忧无虑，云游四海……

“对每一件事都用心投入，不求回报，随时创造惊喜与感动”，是我从婆婆身上学到的生命功课。我真的没把握可以做得像她那么淋漓尽致，因为我总觉得像她这样的妈妈，像她这样的婆婆，像她这样的台北超级阿嬷，不仅是空前，恐怕也是绝后了。

用“心”陪伴

胡芳芳

那是个平凡不过的一天。

2003年4月4日星期五，天色渐渐暗下来，就像现代一般小家庭的写照。我和老公各自赶下班，不是赶着接孩子，是回婆婆家吃晚饭，我们真幸福，婆婆已经到学校接了孩子回家，也准备好一桌热腾腾的饭菜等着我们。吃完美味的晚餐，我洗完碗之后，要回自己的家——相距30分钟车程的木栅。

婆婆平常一个人住在这个老房子里，我们下班、下课后才会回来，周一到周五每天晚上相聚的两三个钟头，是全家团聚的时刻。8点多了，婆婆坐在沙发上看着电视，似乎睡着了，她一直有开着电视边看边睡的习惯（或许也是为了让家里有人的声音，因为晚上她是一个人）。我们蹑手蹑脚地走向门外，生怕吵到婆婆，因为她总睡得很浅。

再回头看一下婆婆，她似乎知道我们要回去了，就说：“要回去啦？开车小心啊！我好像有点受凉，快感冒的样子……”我问婆婆：“要不要留下来陪妳？”她说：“没关系，晚了你们先回去吧！”心中本想留下来的，可是犹豫了一下，就跟婆婆说拜拜了，回家的时候心里总觉得怪怪的……想不到，这句话竟然会是婆婆对我说的最后一句话。

隔天，4月5日星期六早上10点多，接到一通电话，电话那头传来令人震惊的声音：“请问是×××女士的家人吗？她今天早上8点多在住家附近被机车撞了，现在正在内湖三总急救中！”那天早上，婆婆在家附近巷口的快车道被撞成重伤……如果昨天晚上留下来，早上陪她出门，有我们在身边陪伴，是不是比较好？我错了，我对不起婆婆，我应该当下就在家陪婆婆，也许悲剧就不会发生……

如果我们可以陪伴在身旁，不让她一个人孤伶伶等公交车；如果我们可以体谅她老人家，关节退化本来就走不远，无法走到远远的斑马线，无法爬上高高的天桥，更不会让她穿越快车道，遇到疾驶中的机车，而来不及闪避……可是再多的事后懊悔，也唤不回健康的婆婆！

我曾经出版过德国的育儿书，书中对于“什么是交通安全教育”有很清楚的解释，令我记忆犹新——交通安全，就是为别人着想，想想对方可能是要右转、左转或是过马路。我们在台湾的交通安全教育阙如，交通安全不应只停留在“红灯停”、“绿灯行”。否则一个堂堂师范院校的博士生怎么会骑机车超速，把婆婆撞成植物人？这样的人日后如何为人师表？

有次我搭公交车准备上班，看见市政府的一幅交通安全倡导灯箱海报，海报上写着“阿公、阿嬷请不要随便穿越马路”，我心里就觉得这海报立意虽正确，却不够体贴老人家。七八十岁的长辈

为什么，小动物一到妈手上就是那么服服帖帖？

不仅无尾熊如此，袋鼠亦然。

像极了开喜婆婆。

本来就会因关节退化动作慢，走不远，应该是要提醒“少年人，开车慢一点，体贴阿公阿嬷的行走速度，遇长者通过请减速……”

很羡慕在国外行走时的感觉，驾驶人总是“行人优先”，很耐心地等待行人穿越。难道“地小人稠”、“汽机车争道”、“人车不分”是台湾车祸比率偏高、难以改善的宿命吗？

话说回来，如果我们不要那么自私，只想跟老公、孩子住，或许婆婆出入有家人陪伴，就比较不会出意外。我们在规划人生时，总是很自我，总是老公、孩子和工作摆第一，很少把父母、公婆算进来。婆婆这么贴心地让我们无后顾之忧，可以尽情在职场挥洒，直到她发生意外，才惊觉我们没有为她着想。她的步履已经蹒跚，却不轻易要我们帮忙，而我们也浑然不觉。

所幸，上帝把婆婆救回人间，让我们有机会善尽人子的孝道。生命中有些时刻虽然残酷，却能够让我们面对人生的真相，也提醒为人子女、为人媳妇者，该在重要时刻补修人生该修却没修的课。

身为“三明治”世代的我们，上有八十几岁老爸老妈，下有八年级孩子，在工作与家庭间忙得团团转，一根蜡烛两头烧，这种“老中小”的三代关系，是高龄化社会的台湾新风貌。以前是父母宝贝我们，现在是我们宝贝父母，宝贝父母的现在，就是宝贝我们的将来——因为我们的孩子，也在我们照顾长辈的过程中，学习如何用“心”陪伴40年后的我们。

>>> **媒体专访**

靠化整为零的时间管理脱贫

——让台湾Google季营收成长五倍的女总经理

林宏达　原刊于《商业周刊》1031期

历经父亲自杀、哥哥住进精神病院、债主不断上门逼债的童年，张成秀如何以一己之力完成学业？她又有何能耐，成为Google在台湾和香港的最高业务负责人？

Google台港业务总经理张成秀，自去年9月上任后，交出了亮丽的成绩单：在她手上，台湾Google今年第一季的营收比去年第四季成长了六倍；今年第二季比第一季也成长了五倍；她在上任之后，台湾Google在关键词广告市场的合作伙伴迅速升到1300个。现在，正是她网络事业起飞的一刻，4月1日，Google总部正式把香港市场也交给她管辖，她是美国网络股王Google在台、港的女将军。

当上知名外商公司总经理，拥有高学历和高收入，就在此时，张成秀却选择出书，谈她最艰困的一段经历——父亲自杀，哥哥住进精神病院，家里被追债的童年。

“我只想告诉想放弃希望的人，不管状况再差，总有办法可以想。”张成秀的书《从女工到Google台港业务总经理：妈妈教我的生命智慧》（简体中文版书名为《真情与无畏：从女工到Google台港业务总经理》）8月底即将出版，在书中她打开自己的过去，剖析妈妈对她的影响，也谈到困境如何训练她寻找机会，善用每一分钟。

如果M型社会代表的是贫与富的鸿沟，现在张成秀站在富有的那一头，30年前，她却是站在贫穷的那一端。“以前下雨，我得到马路上才能穿鞋。”张成秀说。因为家里的地板比路面低了十几公分，一下雨，水就淹进客厅，整个家就成了漂浮着垃圾的大水池。她得拎着鞋穿过“水池”，在路边把脚洗干净，在路人的目光下穿上鞋袜去上学。

张成秀的父亲原本是玩具商，她小学五年级那一年，父亲因为经商失败跳楼自杀，只留下经常上门讨债的债主。为了还欠杂货店的钱，张成秀从小学五年级就开始到杂货店当家教还钱。

逆境中练功：为念北一女，去电子厂打工

从小学开始，张成秀就一面读书、一面赚钱，没想到却培养出一种帮助她翻身的重要能力——能同时做好几件事的时间管理能力。

从学生时代开始，为了有多余的时间赚学费，她东移西凑地利用时间。“我经常在上学的路上读课本，老师上课的时候，我就不用再重复听已经会的内容，这段时间我就拿来写作业。”张成秀回忆。下课之后，她继续在坐公交车去当家教的路上看书。别人只要专心读书，她却还要花时间替自己找钱念书，除了在家里做做塑料花、圣诞灯饰赚钱，她还得抽出空来申请各式各样的奖学金，补助学费。

考上北一女的那一年，她差点被迫放弃。因为亲戚们都认为家里出不起她的学费，念免费的师院，才是她该做的选择。为了念北一女，升高中暑假，她去电子工厂当女工赚钱。大学时代，她申请助学贷款付学费，不断当家教打工，在这么穷困的环境下，她却还能当北一女的乐队队长，参加课外活动、画海报、交朋友。大学毕业，她甚至申请到奖学金，靠一己之力拿到斯坦福大学的MBA（工商管理硕士）学位。

善用时间：上厕所路上，可做六件事

“我一直都相信人可以同时做很多件事。”张成秀说。学生时代练就的本事，也帮助她在当台湾微软产品经理时，应付庞大的工作压力。

当时她要处理微软在台湾最大的一次活动，安排Windows 95在台湾上市，还生了女儿，事情多到如果要抄每天留在录音机里待处理的留言，就要花上一小时。产品经理是上市计划的核心，从公关、记者到工程师，所有和Windows 95有关的问题都要找她。为了省时间，她连走路都要有计划。“我从办公室座位上走到厕所的路上，走一次可以做六件事情。”她笑着说。她一边工作，就会一边丢可以在上厕所途中处理的文件在自己脚边，有的是寄新闻稿，有的是去仓库拿产品，有的是提醒同事事情。等文件在脚边叠成一叠，她才会离开座位去上厕所，即使是5分钟，她也不愿浪费。

“她是我看过少数连放长假都有to do list（工作清单）的人。”曾经在微软跟张成秀一起工作，现任台湾思科市场部资深协理的程文燕说。不论何时，张成秀身上都会有一份用打印机印出的工作清单，每个项目前面都标明i/u、u/ni、i/nu、其它，特别重要的事情，还会用荧光笔标明，有时这份清单经常会长到三四页。

她解释，i/u代表重要又紧急的事；u/ni代表紧急但不太重要；i/nu代表重要却不紧急；其它是代表不重要又不紧急的事。无论经营工作、家庭，甚至健康等项目，全部并列在上面，安排事情都靠这张表。

她解释工作清单背后的学问，标上i/u，通常是要马上处理的急事，不紧急又不重要的小事，可以等有空再处理，关键是重要又不紧急的事，和紧急却不重要的事当中，该如何取舍？

“紧急但不重要的事，就要懂得删，或授权请别人帮你做。”她分析自己的多年心得，“重要却不紧急的事，就要懂得化整为零，一点一点地用零碎时间消化掉。”

化整为零绝招：切割无数小目标，助母脱险

化整为零，就是她管理时间的另一个绝招。两年前，她曾经成功让妈妈脱离插管生活的痛苦。她把照顾妈妈的大目标，切割成各式各样的小目标，照顾妈妈的工作和日常工作一起排进每天必看的工作清单里，一有空她就询问各式各样的专家，找帮妈妈恢复健康的答案。每达成一项，她就画掉一项。当她坚持到最后，奇迹再次出现，原本因车祸差点被宣告病危的妈妈，有一段时间竟然可以

不需要再插管，过接近健康人的生活。

利用科技，则是她管理时间的另一个方法。像现在她必须台湾、香港到处跑，她管理业务团队的方法，就是要求每个人每天把当天的进度做成文件上网。“即使我不在台湾，也能每天掌握当天的动向，随时可以电话开会调整方向。”她说。她在台湾大哥大的部属，台湾大哥大副理林永丰回忆，会议里有问题，张成秀不会等到开完会才来要数据，她会在会议里马上发简讯，在几分钟内找到答案。在Google的时候，她的部属甚至会半夜接到她的简讯。

是什么推动她不断抓紧每一刻？“是我妈妈从不放弃，永远愿意为别人多做一点的生命智慧。”张成秀说。每次当她上学前，穿过家里的污水，妈妈就会打一盆干净的水在街边让女儿洗脚上学。为了家人，妈妈做洗碗工，无论多苦却尽力让家人感受到爱。“妈妈让我相信，不管情况再坏，都有办法可以想。”张成秀说。也是这股动力，让她坚持能抓住每个细节，跨过贫穷，最后通过Google的13关考验，成为Google的台港业务总经理。（本文系经《商业周刊》授权使用）

从电焊女工到Google台湾业务总经理

林宏达　原刊于《商业周刊》984期

从履历表看，北一女到斯坦福，她是菁英中的菁英、社会定义的幸运儿；从生平看，这些成果却是她从命运手中夺下的果实。她是谁？为何能脱颖而出成为Google台湾区首任业务总经理？

2006年9月25日，台湾Google业务总经理张成秀正式上任。摊开她的履历表，就像是一幅台湾企业菁英的完美速写：北一女乐队队长、台大外文系毕业；接着拿到斯坦福MBA学位，回台加入微软，担任微软在台湾第一次最重要的产品Windows 95上市计划的负责人……一个接一个的成就，怎么看，她都像是个上天眷顾的幸运儿。

但她的成长过程，却是另一个极端。她小学时父亲去世，开始过着被债主逼债的日子，为了还债，她甚至到电焊工厂当女工筹措学费。当她事业初成，准备到美国硅谷发展时，一场意外的车祸却把她的母亲撞成植物人，让她只得把家从硅谷再搬回台湾，重新出发。她的成功，其实是挑战命运的战利品。

“Google只要最好的人。”一位熟悉Google征人流程的传播产业高阶主管表示。Google光是发给两岸三地猎头公司，说明新总经理必须符合何种资格的说明文件，就长达数页。2006年年初，Google为了征3名工程师，收到了1000份履历表，最后通过四层审查入选的3人，甚至包括大学的副教授。要在它旗下工作，难度可想而知。

张成秀今年43岁，从小学开始，贫穷、挑战和意外轮流找上她，却始终无法阻止她达成目标。

贫穷磨出高成就动机：为考进台大，几乎不睡觉

贫穷，是她遇到的第一个逆境。她的父亲原本是玩具贸易商，还当过第一届玩具公会理事长，小学一二年级时，她是拥有各式新奇玩具的小公主。“那时候，家里的工厂有几百坪大。”张成秀的大嫂，大好书屋总编辑胡芳芳说。

没想到石油危机改变了这一切。石油价格暴涨，塑料玩具成本三级跳，公司营运困难，最后终于宣告破产，张成秀的父亲不但因此入狱，几年之后也抑郁而终。“我还记得在他葬礼上，我们小孩站在他旁边，我盯着他的遗体一直看，无法相信我心目中的巨人、安全的靠山，居然就这样倒下了！”她曾在自己的部落格上，撰文回忆父亲过世的打击。

父亲过世，一早开门，债主就等在门外。胡芳芳说，张成秀的妈妈为抚养三个小孩，做过清洁工、佣人，曾在台大附近一家餐厅洗碗，洗到手皮都烂了。“母亲从早工作到半夜2点。”张成秀在部落格上的文章中曾回忆。每到半夜，她总是会黏着妈妈，母女俩穿过中和的暗巷，到河边洗衣。看着妈妈泪流满面的脸，她着急

自己怎么帮不上忙，但妈妈一边洗衣服，会一边用江苏乡音唱歌鼓励她：“小嘛小儿郎，背着那书包上学堂，不怕太阳晒，也不怕风雨打，只怕老师骂我懒呀，没有学问，无脸见爹娘！”半夜洗衣的场景，怎么都忘不掉。

为了生存，她不但小学就开始打工，帮忙还清向杂货店赊的账，还做过家庭工厂的塑料花、圣诞灯泡；为了赚注册费，她甚至曾到代工厂当过生产在线的焊接装配女工。

“我那时脑海中，清楚地浮现我要追求的目标，就是考上我听过最好的学校：北一女及台大外文系！”张成秀曾在部落格贴文回忆。她案头前贴着台大外文系几个大字，一想睡觉就打自己或捏自己大腿。“她哥哥说，考大学时，几乎没看她睡过觉。”胡芳芳说。

“她很聪明，念书却很有Disciplined（纪律），不会靠小聪明走快捷方式。”她在台大外文系的直属学妹，台积电文教基金会秘书郭珊珊说。

靠着订定计划和苦读，张成秀最后拿到“张心洽先生学术基金会”奖学金，到斯坦福念MBA学位。对一名贫家女孩来说，这几乎是她所能追求的最高学历顶峰，是什么动力驱使她一直向前？研一的暑假，她到P&G申请实习，主考官问她：“你为什么要这么拼命？”张成秀当时愣了一下，接着想起妈妈的脸，竟在主考官面前哭了出来，因为她的努力，就是希望有一天能让妈妈过好日子。

让Windows 95在台上市一炮而红：常半夜打电话留言给自己

从斯坦福毕业后，张成秀选择加入台湾微软。台湾微软的第一次大规模产品发表——"Windows 95和Office95"的上市发表计划，张成秀就是跨部门的计划协调人。

当时完全没人做过大规模的软件上市营销计划，但张成秀还说服老板，让Office 95和Windows 95一起上市，整合两个团队的资源。现任Autodesk亚洲最大开发中地区营销总监的陈国桂回忆："她是个很有创意的人。"他们曾经想找飞机拖着Windows 95的标志在台北的天空上飞，也想过在当时最高的新光三越大楼挂上微软标志。想到的点子越多，身为计划协调人，张成秀要解决的困难也越多，每次财务、工程、营销等各单位遇到问题，张成秀就要分头跟各单位开会，一个人分饰多个角色。

"我最佩服的是，认识她十几年来，不管遇到什么问题，从没看她Burned out过。"思科市场部资深协理程文燕说。这个计划从Windows 95上市前一年就开始，"那一年，我们几乎每天工作15到18个小时。"即使如此，张成秀每天还是笑脸迎人。

因为要处理的事太多，张成秀甚至养成一个习惯：半夜打电话给自己。要是半夜醒过来，想到明天有重要待办事项，她就会拨电话到自己在公司的语音信箱留话提醒自己。而她放松自己的方式，就是坐出租车上班途中读《圣经》解压。

那一年，Windows 95卖得非常好，当时图形接口的操作系统，还有IBM的OS2和苹果计算机的麦金塔系统，Windows 95推出第一年就卖出25万套。根据资策会的统计，那一年窗口操作系统的市占率，从37%跳升到51%。张成秀也获得总部颁发的"远东区Windows 95最佳上市奖"。没多久，Windows系统的市占率就上升到九成，几乎完全消灭对手。

2000年时，张成秀原本计划移民美国，因此离开微软，在硅谷的PDA公司Handspring找到负责国际营销的工作，没想到，命运之手再次改变她的人生轨迹。

“2003年4月，我婆婆被一辆机车撞伤，成为植物人。”胡芳芳永远忘不了那一天。听到消息，张成秀很快辞去工作，把全家都搬了回来，看到的却是生命垂危的妈妈全身插满管子。“一开始，医生都说很危险。”胡芳芳说。

自行研究看护：将植物人妈妈救回来

张成秀开始研究起照顾病人，一点一点地把妈妈从险境救回来，慢慢拔掉胃管、尿管。最后她发现，妈妈无法说话，其实是因为供应氧气的气切管压抑声带，她上网在日本找到一种少见的气切阀（见注），请医生帮忙安装。最后原本被判定极重度障碍的植物人妈妈，不但开口叫人（叫过大哥成华的名字），经过三年努力，更把所有管子都拔掉。

不过，回到台湾，打乱了张成秀原有的计划，她在工作上遇到更难缠的挑战。2003年，她进入电信业，接任台湾大哥大预付卡事业处资深处长，上任不到三个月，政府突然宣布要两张证件才能办一张预付卡。原本以外劳为主的预付卡市场，“马上掉了三成到一半。”台湾大哥大公共事务处处长阮淑祥说。

“她很快面对问题，提出解决办法。”台湾大哥大预付卡事业处副理林永丰观察。“张成秀重新定义需求，推出以儿童为主的‘Fun心预付卡’，其它业者都跟进推出类似的儿童用预付卡服务。”阮淑祥说。现在台湾大哥大有一半的预付卡来自儿童市场，是最早成功避开法规对预付卡市场冲击的电信业者。

在台哥大的日子，张成秀一根蜡烛三头烧，丈夫在新竹的半导体公司上班，她必须留在台北照顾生病的妈妈，解决女儿的适应问题，还得面对电信公司复杂的技术问题，适应本土企业文化。2005年底，张成秀选择留职停薪半年，专心陪伴女儿和妈妈。几个月后，Google的猎头公司代表找上了她。

张成秀将带领台湾Google往何处去？在她正式面对媒体前，答案不会公开。但可以确定，网络广告市场将是她人生另一个巨大挑战，对早已习惯在逆境发光的张成秀来说，这个挑战来得正是时候。（本文系经《商业周刊》授权使用）

（注：据张成秀描述，这项产品经过短时间试用并不适合妈妈，但希望提供相关网页给需要的读者参考，希望对你们有帮助：http://kspulmo.myweb.hinet.net/以及http://kspulmo.myweb.hinet.net/2-2P09.htm）

Google台港业务总经理张成秀采访幕后

卢智芳　原刊于2007年10月《Cheers》杂志“Web Only”单元

贴心孝顺的女儿，文艺青年的理想性格与优秀经理人的超高效率，这几个看起来有点南辕北辙的形容词，却可以在一个人身上、一次面对面的接触中感受到，这就是我对采访Google台港业务总经理张成秀的描述。

之前就已经知道张成秀是营销业务的悍将，做事极其严谨。她在自己的书里这样描绘每天的工作，令人印象非常深刻：“我去上个厕所要同时做六件事：一、去拿水；二、把改过的广告文案传真给广告公司；三、跟客服讨论服务流程；四、刚校好的新闻稿给公关；五、去仓库拿一个免费试用版；六、到柜台请快递送去给记者。我还会在心里很快规划最佳（短）路线，所以时常憋尿，导致隐疾！”

果然，敲定采访的过程中，她对细节的要求跟掌握，都比其它采访对象更仔细。我依照惯例提供了采访大纲，但是前一天晚上，又接到她亲自打电话跟我确认，包括我想了解的问题跟希望她多谈的方向，她不厌其烦地跟我讨论了很久。既然如此，我也就“不客气”地大胆要求：“我想知道书里面没有写的其它故事。”

第二天一早，我们在台北101大楼，台湾Google的办公室碰面。张成秀做的准备令我惊讶：她特地带来了很多跟妈妈有关的重要物品，包括妈妈发生车祸当天掉落在现场的黑色皮包，还有车祸几分钟前，妈妈走进便利商店买早餐的发票传真复印件。“早上7点41分，买了一个饭团、鲜乳。”张成秀说。她还带了这段日子以来，自己记录心情点点滴滴的笔记本。在看过太多企业家、名人对新闻记者采访“呼拢”的态度之后，我不能不说，我从这件事深刻地感受到张成秀的“认真”。

本来是愉快热闹的采访，没想到几分钟后，却很快就陷入沉默，因为，张成秀哭了。

她一边拿起这些纪念物，一边回忆。拿起黑色皮包时，张成秀忍不住嗅了一下，再抬起头说话，突然间泪光浮现，语气已经哽咽。

刹那间，在我面前的不再是有着“台港业务总经理”如此头衔的“强人”，一个女儿对母亲的怀想跟孺慕之情，真实地在她脸上浮现。

业务跟营销，原来是最“生意人”的工作性质，但是从这一刻到接下来的采访里，我觉得自己面对的更像是一个“文艺女青年”。

这么努力，是不是为了摆脱贫穷？我问张成秀。其实即使答案是“YES”，也并不令人意外。“我非常讨厌欠别人钱。”张成秀坦率地回答。可是正因为走过贫穷，一直到大学都过着没有热水器得洗冷水澡的日子，张成秀说自己反而练就了“无欲则刚”的生活态度：这种日子都过过了，再没有什么日子过不下去。她因此能更自由地做自己想做的事，不被物欲扭曲。“追求理想，money will follow（财富自然跟随）。”她说。

这个读书时最喜欢念“三民主义”，只要一看到“天下为公”四个字就感动不已的女孩，台大外文系毕业后选的第一份工作，不是当时最容易赚钱的当老师或翻译国外影集，反而是因为读了一篇经济学家蒋硕杰跟王作荣笔战的文章，深被“以国家兴亡为己任”的理念打动，而进入引领舆论、知识潮流的《天下杂志》。

几年后她决定出国留学的另一段插曲，一样十分令人感动：当时张成秀一共申请到来自“张心洽先生学术基金会”、扶轮社与P&G的三个奖学金。在她决定领取第一个奖学金之后，依规定必须放弃其它两个。扶轮社知道后非常惊讶，承办人甚至忍不住问她“你不讲，谁会知道？”

“要不要拿？”张成秀说，自己心里也非常挣扎。拿了，手头宽裕一点，“可以给妈妈一些孝敬”。但她考虑半天，还是决定遵守承诺，并且把其余两个奖学金引介给学妹。

在尔虞我诈的商场，这种带点“理想性格”的个性怎么面对竞争，甚至是与竞争对手间势不两立的厮杀？后来我甚至问了一个颇为“尖锐”的问题：看过父亲半生辛劳后，选择以自杀结束一生；明明是开朗坚毅的母亲，奋斗大半生，后来却遭逢车祸成为植物人。亲身经历“好人不见得有好报”的无常人生，什么是她如此要求自己的动力来源？

张成秀没有掉进消极埋怨，她反而累积出一种“大器”的乐观。“往正面的事去想，”张成秀说，“看着母亲虽然心疼，但或许是上天终于让她可以休息了。”“你为什么在这里？你追求的只是同事和谐与长官肯定吗？”张成秀反问。如果有清楚的信念跟目标，工作中的琐碎烦恼，相对来说就不会再有那么大的影响力。

信仰虔诚的张成秀知道人有其能力的限制：“There is a God, and you are not Him.”（上帝始终存在，但你不是他。）她说，可是所有的磨难最终都将有意义。“麦子磨碎才能做成面包。”她始终相信宇宙有其善念。

这个采访在既感动又励志的氛围中画下句点，我必须诚实地说，我自己也深有收获。不过，事后我马上又深刻感受到张成秀的“纪律”跟“速度”。当天晚上，我立即接到她打电话给我，对于采访中的几个问题又做了深入的补充。隔一天，我甚至收到她寄来相关的产业数据。

由于采访时间已逼近最后截稿期，我赶在deadline（最后期限）前就张成秀的人与书做了简短的介绍，配合书摘，刊登在9月号的《Cheers》杂志中。有些个人的观察与其它采访所得，不及在杂志中与读者分享，深觉可惜，也因此，促成这篇“Web Only”（仅限网络）幕后报导的出现。

这些不一样的特质，塑造出张成秀独特的个人魅力，也是她能改写自己命运的根本原因吧！（本文系经《Cheers》杂志授权使用）

Search人生之后，真诚秀出自己
——Google台港业务总经理张成秀

苏惠昭　原刊于《INK文学生活志》2007年11月号

Search……搜寻，人生岂不就等于一连串的搜寻？我们接受命运的点选，被连结到某一个页面，也在某个关键时刻反过来去点选并开启自己的命运，面对挑战。这是张成秀接任Google台港业务总经理时，她忽然意识到的一件事：Google.com隐喻着人生。曾经在追问生命意义、人生答案的旅程中，她搜寻了15年，流浪了15年，从耶稣基督、苏菲教派、禅宗连结到藏传佛教，最后在上帝的智慧中得到安顿，如今日复一日在每天搭出租车上班的路上读《圣经》。但这并不意味着搜寻的终结，生命永远有新的未知、新的关卡一如网页的生生不息，竞争的故事结局永远开放，连结没有尽头，搜寻也永无止尽。

不过Google这个词似乎已经不用多解释了，我们Google，同时也被Google。“Google双雄”佩吉和布尔早已是全球媒体追逐的对象，他们像年纪轻轻就一夕成名的摇滚巨星，不，比摇滚巨星更光芒四射；他们把一项在斯坦福大学博士班的计算机研究计划转换成超天价的事业，成为亿万又亿万的富豪。Google所提供的免费搜寻引擎改变了数以亿计的人们的生活，而这一切都在短短5年内发生。去年，Google再以16.5亿美元买下影音分享网站YouTube。

如果一般人想象的是没有Google的话日子怎样过，那么张成秀还更进一步想象“我要进Google”。这样一家只进用顶尖中的顶尖人才的公司，在P&G工读、历练过《天下杂志》广告部主管、台湾微软产品经理、Handsprings国际产品营销负责人、台湾大哥大预付卡事业处资深处长之后，张成秀把它设定为下一个目标。虽然曾经为了不愿意成为分居家庭而错过一次，但Google还是透过猎头公司找到了她。然后去年9月，张成秀通过了13关面试，正式成为Google台湾区业务总经理，她的职责是“制定台湾区的业务发展策略与方向，开发市场，并强化该公司在地合作伙伴关系”。不只台湾，接着香港也成了张成秀的业务范围，这个工作有多忙？“自从2006年9月底加入Google团队，就过着‘暗无天日’的日子；早也做，晚也做，连睡觉做梦都在做sales pitch，简直到走火入魔的境界。”在《从女工到Google台港业务总经理》书中，张成秀以举重若轻的笔触写道。

“女工”两个字与Google的头衔形成了巨大的落差，书封上头发挽起的张成秀看起来清丽大方，又比典型的商场女强人多了几分甜美。谁都会相信她天生就是一颗珍珠，一个明星，一直到读了她的故事。

人生不是后设小说，张成秀永远也不会知道，如果11岁那年她的父亲没有跳楼自杀，把债务留给妻子和三个孩子，那么她今天的人生会是怎样一番光景？也许一样念北一女、台大、斯坦福，一样是业务主管、总经理，也许是文学教授，谁知道呢？张成秀知道的是，11岁，她就设定好人生目标：北一女、台大外文系，那是她认知中“最好的”，她要让自己成为“最好的”，以便能脱离贫穷，让母亲过好日子。

是的，男主人走了，这一家人成了三不管的三级贫户。“穷到声名发臭。”张成秀的大哥张成华说。母亲陶婧培做家庭代工、做厕所清洁工、做便当、做裁缝，她有一双灵巧的手和一颗宽阔的心，像母鸡带小鸡，带着三个未成年的孩子勇闯世间路。如愿考上北一女那年，“你应该去念师专”，张成秀不理会周围杂音，大哥老早就被抓去念职校，仅管他有写作才华，但那种天分是奢侈的，想都别想。为了筹足学费，张成秀暑假到电子工厂做电焊女工——她负责把电视里的一些组件焊起来。休息的空档，她便看歌德的《少年维特的烦恼》、王尚义《野鸽子的黄昏》、卡夫卡《蜕变》，其它女工都在聊衣服和男人。张成秀知道自己不属于工厂，而为了让自己永远不必再回到这里，她唯一的办法就是用功读书。

古往今来，不知有没有三级贫户之女当上北一女乐队队长的，张成秀就是，贫穷遮掩不住她的光芒。曾经她想学医，但认知自己的兴趣在文学，有一位语文老师开过一份推荐书单，包括《台北人》、《人子》、《碎琉璃》、《蛹之生》——大约有100本书，张成秀把能借到的全部都读了。阅读，她总是在阅读，阅读对张成秀不只是娱乐这么单纯，应该说更是一种生命意义的追寻。想穿透迷雾，得到答案，就需要一盏脚前的灯。

台大外文系那四年。虽然靠的是助学贷款，但张成秀既感激又快乐。大考前她总是窝在总图念书，看看别人埋头苦算微积分、流体力学，再看看自己手中的陀思妥耶夫斯基、海明威、华兹华斯，还有她所膜拜的乔伊斯《都柏林人》（Dubliners），张成秀心里好似通过一阵狂喜的电流，“我赚到了！我赚到了！”所学所考即所爱，天底下还有什么比这种事情更划算的？

那也是张成秀探索未来的开始，面对现实，她没有继续念文学的条件，于是跨院选修了不少商学课程，发现自己对营销富有热情，做了性向测验也证实适合往这方面发展。文学和营销，金城武和梁咏琪一个向左走一个向右走？张成秀认为，它们看似相斥，却有一个基本的共通点：观察人性，反映人生。组织行为大师查尔斯·韩第（Charles Handy）在牛津大学时专攻古典文史，他为伦敦商学院史隆课程开课时，指定教材之一是希腊悲剧《安蒂冈妮》（Antigone），管理学之父彼得·杜拉克（Peter Drucker）每年都要重读一遍莎士比亚。

11岁时设定的目标，张成秀都达到了，但她飞得比当初梦想的天空更高更远。“伸手摘星，即使不能如愿，也不至于满手泥泞。”广告巨人李奥·贝纳（Leo Burnett）的话带着她去摘星。25岁，张成秀再获得纪念张心洽先生学术基金会暨Fulbright奖学金，负笈斯坦福企管研所，当时任教于此的Jim Collins（吉姆·柯林斯，《A到A＋》作者）正在为“某些企业为何能历经岁月考验而不衰”寻找答案。待《Build to Last》（《基业长青》）出版时，张成秀已回到台湾，这也成了后来影响她最深的一本企管书。

人生是一个故事，但有些人的故事就是比别人更精采而动人。《从女工到Google台港业务总经理》是张成秀的第一本书，她面带微笑写悲伤的过去和困顿的时刻，这是她“荣神益人”的第一步。写这本书和Google的头衔无关，而是为了献给母亲。曾一肩挑起家庭重担教给她无数人生智慧的母亲却沉默了——四年半前发生车祸从昏迷状态到苏醒，如今被判定为“有极少意识的植物人”。再也无法感受母亲温暖笑语的成秀，软弱无助的心灵，第一次感受到华兹华斯的喟叹：

虽然任谁均无法挽回
草原里的光辉，繁花盛开的时刻。
我们不要去悲伤感叹，
宁可在残余中找寻力量。

她是由母亲的勇气、宽宏和智慧所成就的，张成秀一直这样认定，却来不及告诉母亲。因为书写，隐藏在记忆幽微角落中，许多刻骨铭心的片断一一被召唤回来。不堪回首仍须回首，对长久以来压抑的自己，努力不懈、完美主义的自己，那是宣泄、疗伤以及和解——她终于从怨怼、原谅到理解了父亲。对读者，张成秀希望透过这“一个女儿的故事”提醒和建议：去吧，去追寻生命意义，认识自己，找到信仰，以及好好地爱你的父母，用他们所希望的方式去爱。

>>> # 读者回响

来自海内外的感动

这本书简直是不可思议。尽管这本书的内容是一个发生在作者家里的悲剧，但她娓娓道来，让你在阅读的过程中忍不住啜泣，又会在面对生命的奇迹时会心微笑。我一直都知道，我是一个非常幸运的女孩，但我与作者那截然不同的童年的尖锐对比，仍然让我非常震惊。我认为理所当然的人与事（“正常”和“完整”的家庭里），实际上对于那些不幸的人而言是一种奢望。在这本书中，我看见了最好的人如何在最坏的环境中成长。最后，我钦佩作者，不仅因为她在工作上不可思议的造诣（好吧，或许有一点），而且因为她的谦虚、她的乐观、她对上帝和生命的坚持与信仰，以及她那非凡的母亲。我对这个故事特别亲近，是因为这不是什么陌生人的故事，它是我父亲的好朋友的真实经历！我在小的时候曾经见过作者，并不知道在她那温柔的笑容背后竟然隐藏了如此深刻的伤疤。我诚心祝福她在接下来的日子里过得顺遂美好，并且真心感谢她教给我（以及任何阅读这本书的人）的一切！

——苏怡忻（Claire Su），现就读于UCLA

* * *

亲爱的Rebecca女士：

以我们的主耶酥基督的名问安！

我很高兴昨晚有机会在Good TV的采访中看到你，你面对人生的挑战时所表现出来的一切都令人非常鼓舞。

我把你的故事与我两个儿子一起分享，我希望并祈祷他们能够从这重要的人生经验中获得灵感。

从你的访谈中能够看出，你同样给了上帝荣耀。他曾经这样说过："……现在我却说，我绝对不敢漠视，对那些给我荣耀的人，我也将给予荣耀……"（《撒母耳记》上2章30节）

上帝保佑你！

以马内利（指上帝与我们同在）！

——Stephen Chiong Roxas

* * *

亲爱的Rebecca平安：

妹妹自德国打电话，一定要我看Good TV《真情部落格》您的专访。不看还好，一看就几乎从头哭到尾，就是那种切身经历相似的人，无需语言就可以心有戚戚焉。

孔雀行（小时常去，因为爸的百货公司和绸缎庄就在附近）、中华路、考试名列前茅、微软、重病的父母、淹水的家、父亲生意失败、辛勤工作的母亲、当小女工（电子公司）……无一不是我的经历。只是15岁那年我没能上北一女（我想我们是同龄的人），有人来传福音，我不高兴，神没有帮助我上北一女而远离……我想就是您那不抱怨、永远乐观的母亲，是主所赐的最大礼物，可以帮助孩子在经历家庭变故时，立下榜样、身教来经历主的信实。

您申请工作及工作的态度也是我一贯的方式，只是车祸后，身体状况极差。我有一个儿子15岁，情况和您二哥类似，只是现在我们还是为他祷告，希望他不要步上我婆婆的Schizophrenia（精神分裂）症状。如果我婆婆在6个月前可以奇迹似地信主，那么，许多人就都可以经历神的大能和爱的奇迹（我的儿子是因为不适应加拿大的教育和学校的bully（霸凌）而出现叛逆的状况。为了他，我辞过数次职，包括Microsoft的工作，只为专心带他）。

真诚盼望您二哥和母亲可以早日康复。谢谢您激励了许多人。以马内利。

——主内，Grace上

* * *

张成秀姐妹平安：

我偶然读到您的书，深受感动。刚好这段时间，我在推动“为上帝读书，靠上帝读书”的计划。我的服事里有很多弱势的孩子，我鼓励孩子们，努力读书，是突破贫穷和社会阶层的最好途径。您的书，刚好可以激励我们，所以我们推动全教会一起读这本书。

——江子翠行道会，张振华牧师

* * *

Rebecca：

我刚看完你在Good TV《真情部落格》的见证，哭到不行，真是太感人了。

我自己也是在多年之后，才明白父母不是完美的。事实上，没有人是完美的，只有我们在天上的父。

想到《圣经》的一段经文，是乔布的朋友跟他说的话：

“你若将心安正，又向主举手；你手里若有罪孽，就当远远地除掉，也不容非义住在你帐棚之中。

那时，你必仰起脸来毫无斑点；你也必坚固，无所惧怕。你必忘记你的苦楚，就是想起也如流过去的水一样。

你在世的日子要比正午更明，虽有黑暗仍像早晨。”（《约伯记》11章13~17节）

——Betty

* * *

Rebecca：

我没有机会更早地读，也许我应该读一读，太忙总是理由。但在香港去台湾的路上，耽误在机场5个小时，一口气读完了你送的那本书，真的感触很深。我这人没长性，所以一般的书不触动的读几页就扔掉了，很少有一口气读完的，更何况还落了两次泪：写画板的那篇和父亲的那篇。我同意你大哥的说法，这不是一本单纯励志的书；也正像书中那位推荐者说的，看完后有拿起电话打给母亲的冲动。我也是这样想，但没有机会了，我母亲去年去世了。最后想和你说的是：你写了本好书，会影响很多人，激励很多人，教育很多人。作为你的同事，我很骄傲。

——Mark

>>> # 编后语

为你的父母，写一本书

胡芳芳

如果不是因为这本书，我和成秀不会这么熟。读者一定会好奇，你们本来就是家人，焉有不熟之理？这也是我在增订版要写这篇文章的理由。

因为婆婆出车祸的缘故，原本移民美国的成秀，在先生的支持下，又举家迁回台湾，原本我们一年难得碰上几次面，现在又可以常见面了。有一天，成秀告诉我她正在写关于婆婆的故事。

虽然婆婆无法言语，但是成秀想说的话越来越多：那个年少时念外文系的文学心灵回来了；那多年来飞扬在键盘上、敲打着ABC的手指，如今在夜深人静、家人入睡时，在出国洽公的长程飞机机舱里，拿起笔来振笔疾书，一笔一划，回到最低科技却是高感度的状态。我也随着成秀的只字词组在众人皆睡、唯我独醒时，回到心灵的深处，寻索属于妈妈的记忆，那曾经熟悉，却早被家事、工作塞满的思绪。我和成秀因为这本书，突然之间变成工作的伙伴，培养了浓厚的革命感情，我又重新认识了我所不知道的、工作中的成秀。

书出版之后，除了登上排行榜也颇获各大媒体青睐，各种回响也纷至沓来，许多读者觉得成秀亲身经历写的生命故事，是属于“五年级的书”，很能写出我们身为“三明治”世代的心声，重新看待父母教我们的生命智慧，找回失落的家庭价值。身为出版者与有荣焉，也因为是作者的大嫂，历经4年半完成“家的生命之书”，真是一次很特别的出版经验。

我把这本书带回家，轻放在两个女儿的床头，她们一看是姑姑写奶奶的书，马上就抢着先读为快。老早就已经是自己读睡前书的她们，竟要求我要天天念给她们听——孩子最喜欢读《100分早餐》和《爱，征服一切》，这让小玮想到奶奶又香又浓的玉米浓汤，小容则像读琦君的《桂花雨》般那么感动，要我买稿纸给她，原来她诗兴大发……我也极爱这本书，只不过我是“100元早餐妈妈”——给孩子100元，自己吃早餐吧！最近，试着做书中爷爷拿手的炸馒头沾黑糖，这俩小妞还直嚷着好吃极了，原本对爷爷没什么印象，如今开始产生生命的连结了。有一次，念七年级的女儿要期中考，本来要她复习完功课就早早上床睡觉，想不到她从房间里发出一个声音：“妈咪，今晚有故事吗？”亲爱的女儿，当然有故事——感谢奶奶用她的一生，造就了我们，如今我们得以在属于她的故事氛围中睡着。就像成秀姑姑说的，奶奶用温暖的胸怀，拉出周围人生命的高度。而属于我们的故事，也会一代代说下去。

读者诸君，阖兴乎来：为你的父母、为你的家，一起来写一本书。

本书中文简体字版权由台湾日月文化集团（大好书屋）授权出版发行

图书在版编目（CIP）数据

真情与无畏：从女工到Google台港业务总经理 / 张成秀 著. —北京：九州出版社，2010.11
ISBN 978-7-5108-0693-3

Ⅰ. ①真… Ⅱ. ①张… Ⅲ. ①成功心理学—通俗读物 Ⅳ. ①B848.4-49

中国版本图书馆CIP数据核字（2010）第197087号

真情与无畏：从女工到Google台港业务总经理

作　　者　张成秀 著
出版发行　九州出版社
出 版 人　徐尚定
地　　址　北京市西城区阜外大街甲35号（100037）
发行电话　（010）68992190/2/3/5/6
网　　址　www.jiuzhoupress.com
电子信箱　jiuzhou@jiuzhoupress.com
印　　刷　北京金瀑印刷有限责任公司
开　　本　700毫米×1000毫米 16开
印　　张　15
字　　数　150千字
版　　次　2010年11月第1版
印　　次　2010年11月第1次印刷
书　　号　ISBN 978-7-5108-0693-3
定　　价　28.80元
